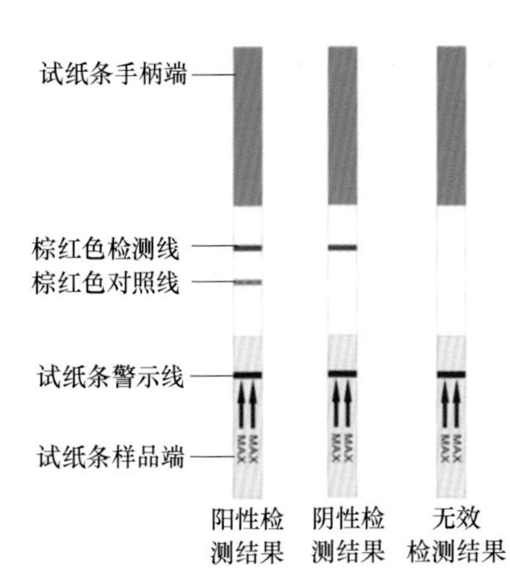

彩图 2-7　快速检测试纸条检测结果

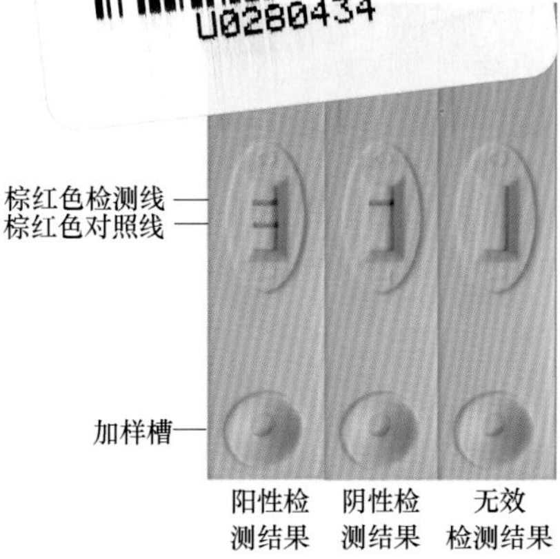

彩图 2-8　快速检测试纸卡检测结果

胃底黏膜大面积出血

彩图 2-9　伪狂犬病

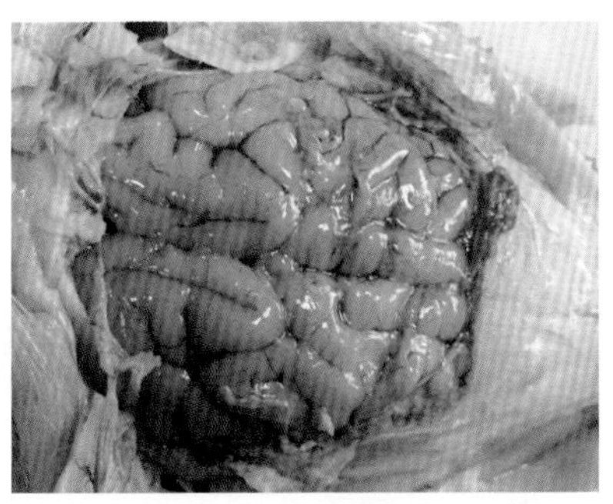

脑膜充血、水肿，脑脊髓液增多

彩图 2-10　伪狂犬病

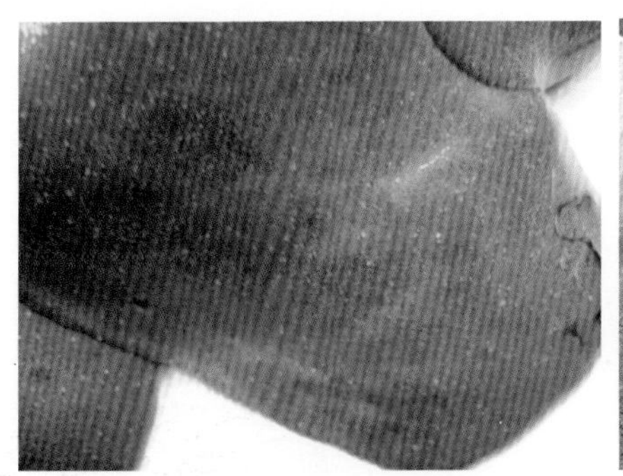

肝脏表面有灰白色点状坏死灶

彩图 2-11　伪狂犬病

两耳发紫

彩图 2-12　猪繁殖与呼吸综合征

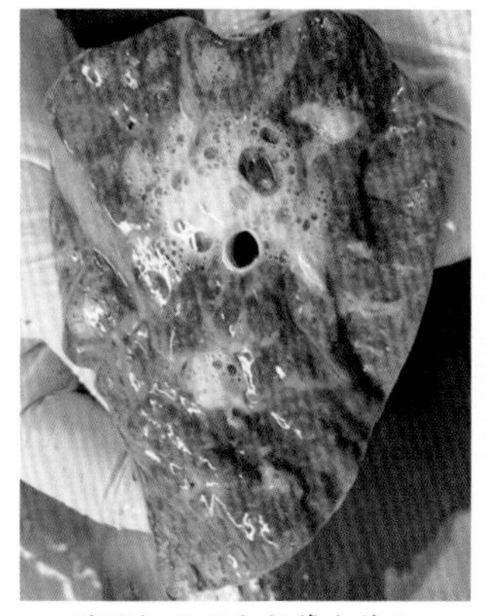

肺脏切面及支气管内蓄积
大量泡沫状渗出物

彩图 2-13　猪繁殖与呼吸综合征

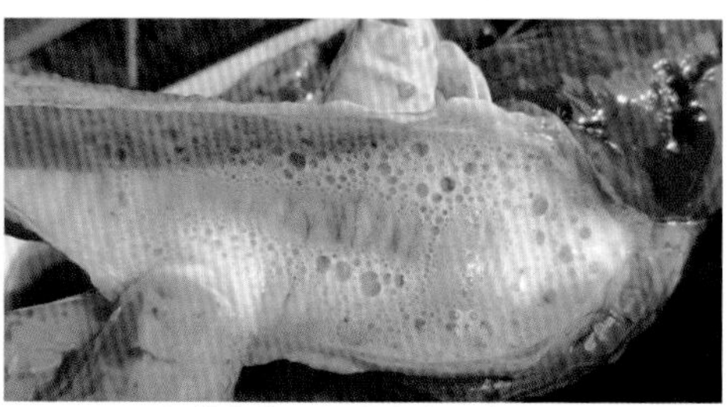

气管内蓄积大量泡沫状渗出物

彩图 2-14　猪繁殖与呼吸综合征

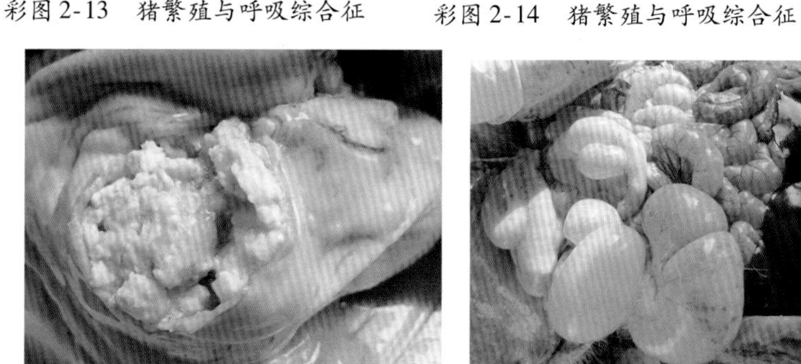

胃内充满未消化的凝乳块

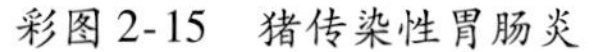

彩图 2-15　猪传染性胃肠炎

小肠菲薄，肠管扩张，呈半
透明状，几乎没有肠内容物

彩图 2-16　猪传染性胃肠炎

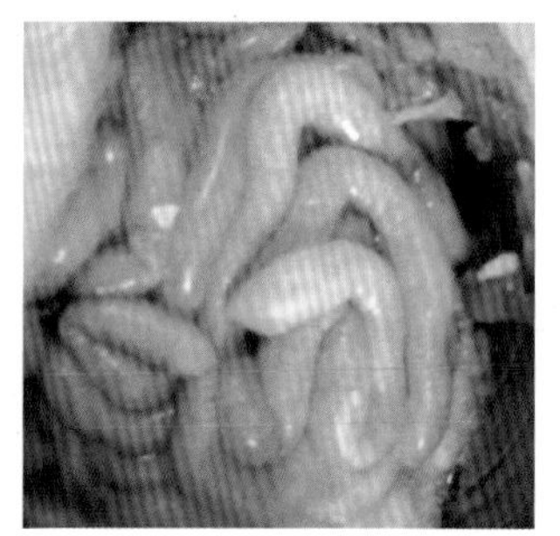

小肠肠管胀满，充满黄色液体，肠壁变薄

彩图 2-17　猪流行性腹泻

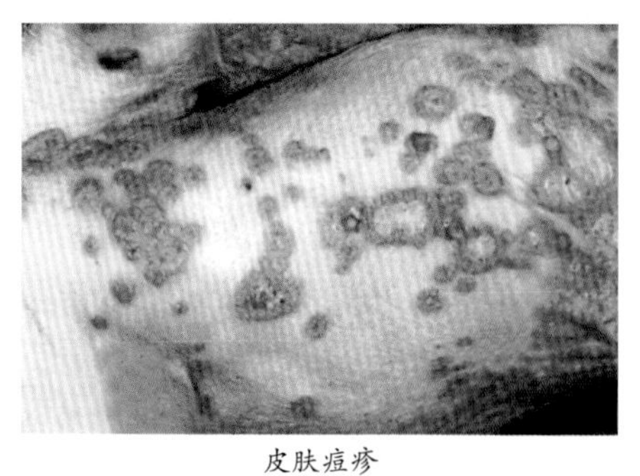

皮肤痘疹

彩图 2-18　猪痘

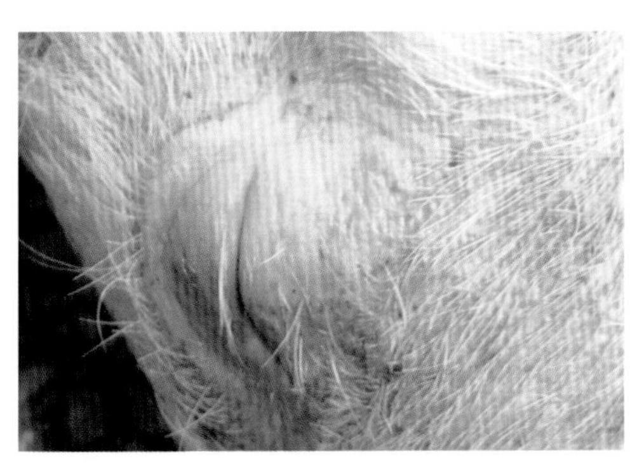

眼睑水肿

彩图 3-1　仔猪水肿病

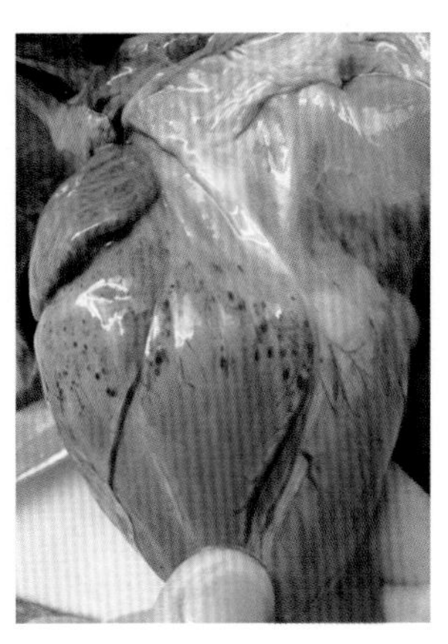

心耳外膜和冠状沟脂肪处出血

彩图 3-2　猪链球菌病

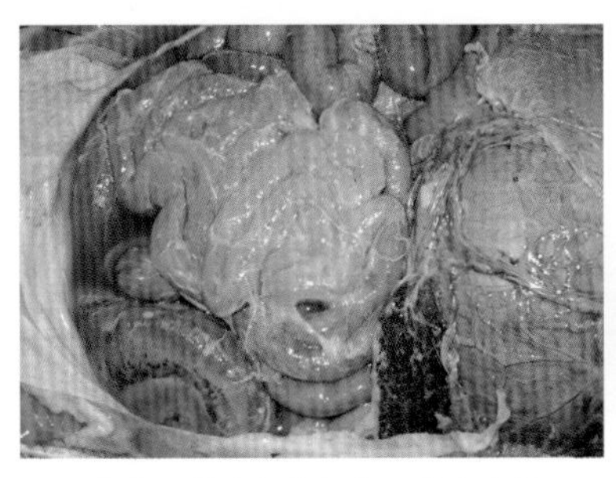

腹炎，腹腔大量积液，腹腔脏器
表面有丝状纤维素

彩图 3-3　猪链球菌病

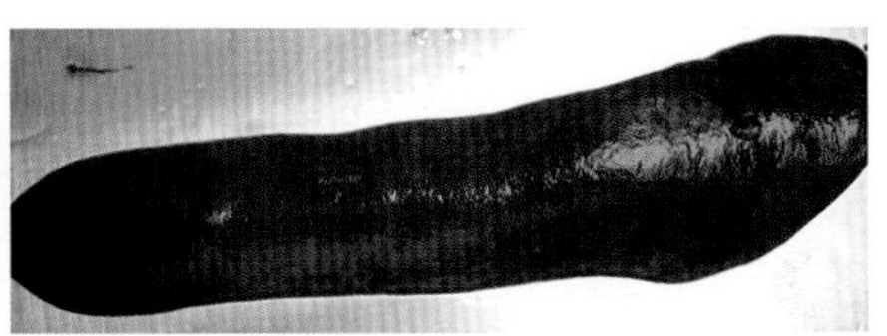

脾脏肿大，呈暗蓝色

彩图 3-4　仔猪副伤寒

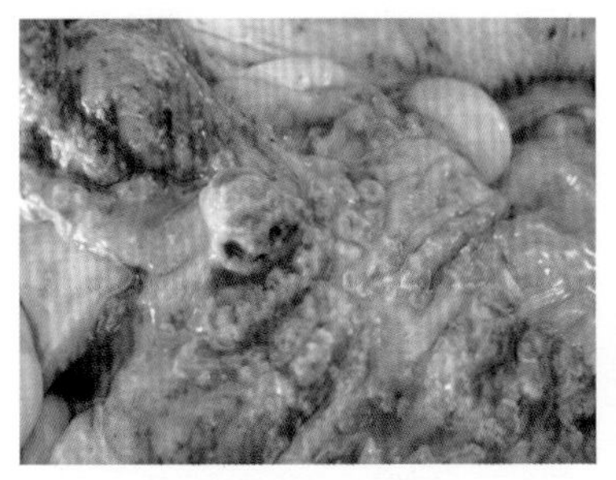

盲肠、结肠和回肠坏死性肠炎，有纤维
素样的渗出物积聚，形成可见的轮状环

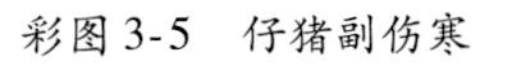

彩图 3-5　仔猪副伤寒

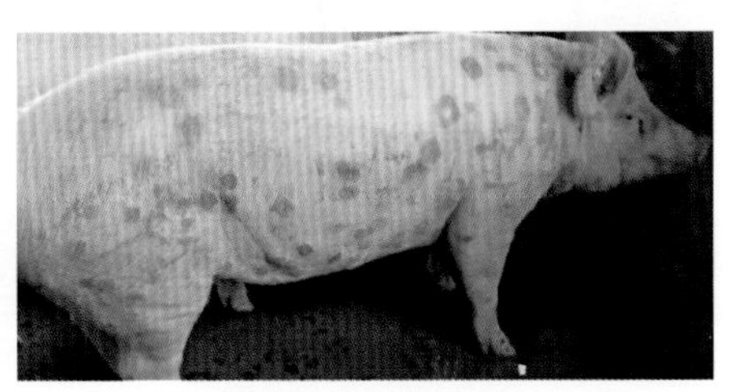

全身散在分布凸出皮肤
表面的方形、菱形疹块

彩图 3-6　亚急性型猪丹毒

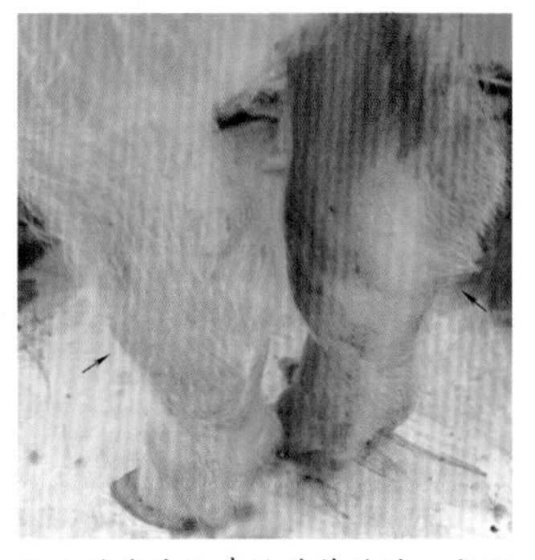

双后肢发生丹毒性关节脓肿、变形

彩图 3-7　慢性型猪丹毒

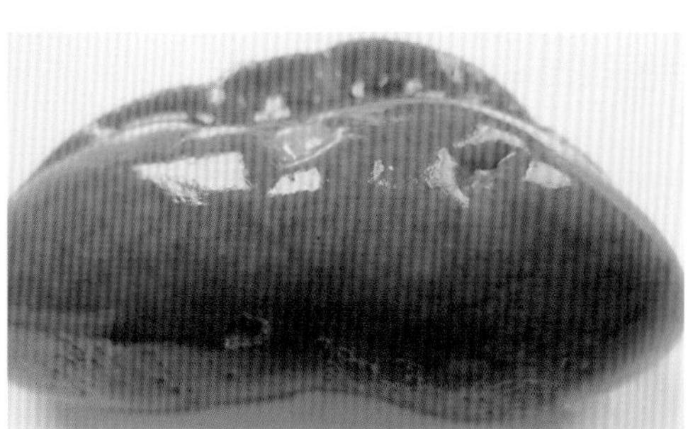

肾脏肿大，弥漫性暗红褐色，
点状出血，有“大红肾”之称

彩图 3-8　急性败血型猪丹毒

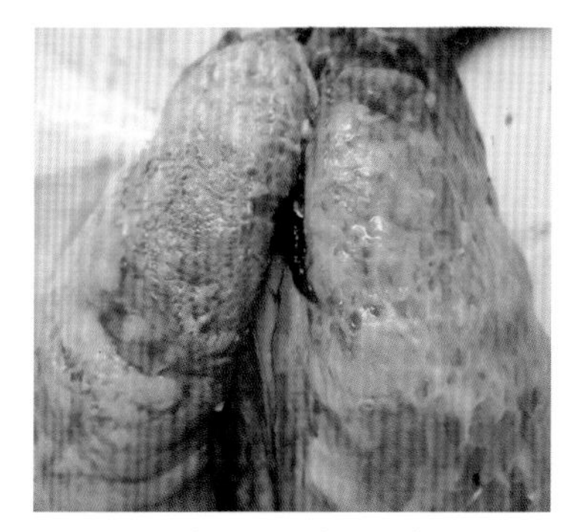

肺脏表面纤维素性附着物

彩图 3-9　猪传染性胸膜肺炎

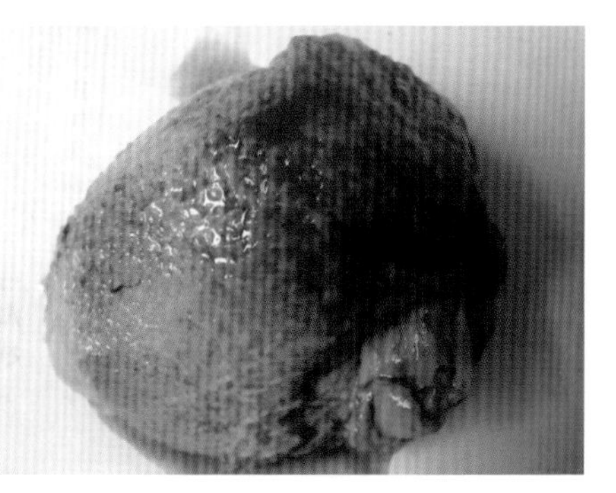

心脏表面纤维素性渗出物沉着

彩图 3-10　猪传染性胸膜肺炎

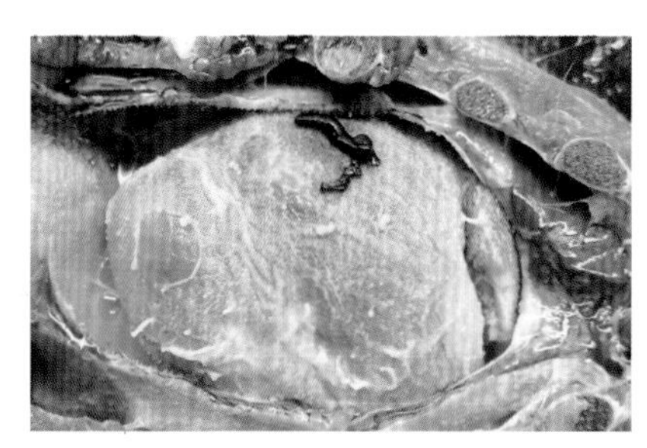

心包积液，心包液混浊，心脏表面
纤维素性附着物，形成灰白色的绒毛心

彩图 3-11　副猪嗜血杆菌病

腹腔脏器表面纤维素性
渗出物沉着和粘连

彩图 3-12　副猪嗜血杆菌病

猪病快速诊断与防治技术

主　编　李学伍
参　编　(以姓氏笔画为序)
王　丽　王克领　白献晓
邢广旭　杨继飞　赵　东
柴书军　徐引弟　梁　跃
主　审　郭成留　王自振

本书由河南省农业科学院专家和学者精心编写，河南省生猪产业技术体系首席专家及河南农业大学资深教授详细审阅。本书详细介绍了猪病防治技术基础，猪病毒性疾病、猪细菌性疾病、猪寄生虫疾病、猪中毒性疾病的快速诊断与防治技术，以及猪病分析和鉴别等知识，对一些疾病症状配有二维码视频。

本书文字通俗易懂，内容科学先进，技术可操作性强，适合兽医、基层技术人员、养猪场（户）使用，也可作为农业院校相关专业师生的参考用书。

图书在版编目（CIP）数据

猪病快速诊断与防治技术 视频升级版/李学伍主编. —2版.
—北京：机械工业出版社，2018.5（2023.9重印）
（高效养殖致富直通车）
ISBN 978-7-111-59604-2

Ⅰ.①猪… Ⅱ.①李… Ⅲ.①猪病－防治 Ⅳ.①S858.28

中国版本图书馆CIP数据核字（2018）第065958号

机械工业出版社（北京市百万庄大街22号 邮政编码100037）
总 策 划：李俊玲 张敬柱
策划编辑：周晓伟 责任编辑：周晓伟 张 建
责任校对：王 欣 责任印制：张 博
保定市中画美凯印刷有限公司印刷
2023年9月第2版第8次印刷
147mm×210mm · 7印张 · 2插页 · 219千字
标准书号：ISBN 978-7-111-59604-2
定价：35.00元

高效养殖致富直通车

编审委员会

序 Foreword

改革开放以来，我国养殖业发展非常迅速，肉、蛋、奶、鱼等产品产量稳步增加，在提高人民生活水平方面发挥着越来越重要的作用。同时，从事各种养殖业也已成为农民脱贫致富的重要途径。近年来，我国经济的快速发展对养殖业提出了新要求，以市场为导向，从传统的养殖生产经营模式向现代高科技生产经营模式转变，安全、健康、优质、高效和环保已成为养殖业发展的既定方向。

针对我国养殖业发展的迫切需要，机械工业出版社坚持高起点、高质量、高标准的原则，于2014年组织全国20多家科研院所的理论水平高、实践经验丰富的专家、学者、科研人员及一线技术人员编写了“高效养殖致富直通车”丛书，范围涵盖了畜牧、水产及特种经济动物的养殖技术和疾病防治技术等。丛书应用了大量生产现场图片，形象直观，语言精练、简洁，深入浅出，重点突出，篇幅适中，并面向产业发展需求，密切联系生产实际，吸纳了最新科研成果，使读者能科学、快速地解决养殖过程中遇到的各种难题。丛书表现形式新颖，大部分图书采用双色印刷，设有“提示”“注意”等小栏目，配有一些成功养殖的典型案例，突出实用性、可操作性和指导性。四年来，该丛书深受广大读者欢迎，销量已突破30万册，成为众多从业人员的好帮手。

根据国家产业政策、养殖业发展、国际贸易的最新需求及最新研究成果，机械工业出版社近期又组织专家对丛书进行了修订，删去了部分过时内容，进一步充实了图片，考虑到计算机网络和智能手机传播信息的便利性，增加了二维码链接的相关技术视频，以方便读者更加直观地学习相关技术，进一步提高了丛书的实用性、时效性和可读性，使丛书易看、易学、易懂、易用。该丛书将对我国产业技术人员和养殖户提供重要技术支撑，为我国相关产业的发展发挥更大的作用。

赵广永

中国农业大学动物科技学院

Preface 前言

我国既是养猪大国，又是猪肉消费大国，养猪业在我国国民经济中占有重要地位，对提高人民生活水平发挥着巨大的作用。猪病是养猪业健康发展的最大障碍之一，直接关系到养猪生产的成败。

猪病的发生可导致猪肉产品携带不同的致病因子，同时促使饲养人员大量使用药物，造成药物残留严重超标，影响肉品质量，危害人类健康；更为直接的危害是发病猪大批死亡，导致养猪场严重亏损或倒闭。掌握猪病的诊断、治疗和预防技术，采取科学有效的防控措施，是养猪业健康发展的重要保障。

目前我国出版的猪病类书籍已有很多种，但由于科学技术的飞速发展，新知识和新技术的不断更新，尤其是新疫病的不断出现，需要图书的内容不断更新。为了适应我国养猪业新形势的需求，满足一线兽医及相关技术人员的需要，及时介绍疫病诊断和防治的新成果、新技术和新方法，笔者根据多年从事猪病研究和诊治的实践经验，在详细阅读国内外关于猪病的最新研究文献资料，征求基层兽医工作者和该领域有关专家意见的基础上，编写了本书。

本书为猪病诊断和防治的工具书，全书共分五章，涉及80个重要猪病的诊断与防治。第一章介绍了猪病防治技术基础，第二章至第五章，分别介绍了猪病毒性疾病、猪细菌性疾病、猪寄生虫疾病、猪中毒性疾病的快速诊断与防治方法。附录列出了常见猪病鉴别诊断的相关知识。为了读者更好地理解，对于一些疾病症状配有二维码视频，建议读者在Wi-Fi环境下扫码观看。

本书注重科学性和实用性，内容丰富，重点突出，通俗易懂，可供兽医、基层技术人员、养猪场（户）使用，也可作为农业院校相关专业师生的参考用书。

本书所用药物及其使用剂量仅供读者参考，不可照搬。在生产实际中，所用药物学名、常用名与实际商品名称有差异，药物浓度也有所不同，建议读者在使用每一种药物之前，参阅厂家提供的产品说明以确认药物用量、用药方法、用药时间及禁忌等。购买兽药时，执业兽医有责任根据经验和对患病动物的了解决定用药量及选择最佳治疗方案。

河南省生猪产业技术体系首席专家郭成留研究员、河南农业大学牧医工程学院王自振教授对该书进行了审阅，并提出了宝贵意见，在此表示诚挚谢意。同时，对本书所涉及文献资料的作者也深表谢意。

由于笔者水平有限，书中错误和遗漏在所难免，敬请广大读者批评指正。

编　者

本书视频使用方法

书中视频建议读者在 Wi-Fi 环境下观看，视频汇总如下：

视频：仔猪非典型性猪瘟 页码：第 34 页	视频：猪瘟 页码：第 35 页
视频：新生仔猪伪狂犬病 页码：第 43 页	视频：仔猪伪狂犬病 页码：第 43 页
视频：育肥猪伪狂犬病 页码：第 43 页	视频：仔猪患猪繁殖与呼吸综合征 页码：第 47 页
视频：猪繁殖与呼吸综合征 页码：第 47 页	视频：母猪患猪繁殖与呼吸综合征 页码：第 47 页
视频：猪圆环病毒病 页码：第 60 页	视频：仔猪先天性震颤 页码：第 87 页

目录 Contents

第一章 猪病防治技术基础

在现有的生猪饲养环境中，要想让猪群健康生长，必须做好以下工作：一是科学饲养，提高猪的基础抗病能力，规范管理，消除致病因素；二是提高猪群免疫水平，定期进行免疫监测，防控重大传染病的发生；三是使用猪病快速诊断方法，猪病快速诊断与防治是扑灭猪病的关键。在实际生产中，上述工作具有很强的相互依赖性，缺一不可，养猪业的成败与这些技术工作的正确实施密切相关。

第一节 猪群致病因素及疾病监视

一、猪群致病因素

猪的任何疾病都有特定的致病因素，了解和掌握猪的致病因素，有利于采取有效的预防措施，消除致病因素的存在，阻止疾病的发生和传播。

1. 病原微生物

病原微生物主要包括病毒、细菌、放线菌、螺旋体、立克次体、支原体、衣原体、真菌等。病原微生物通过不同的途径进入猪体内并在体内生长繁殖，引起猪机体组织结构和功能损伤而导致各种传染病的发生。不同的传染病具有不同的潜伏期，发病率、死亡率均高，且具有传染性和群发性。

2. 寄生虫

寄生虫是引发猪病的重要因素之一，它包括蠕虫（如旋毛虫、猪囊尾蚴）、昆虫（如依蝇蛆）、原虫（如弓形虫、伊氏锥虫）等。寄生虫进入机体内主要寄生于肠道、组织及血液，堵塞肠道、压迫组织、破坏组织细胞，同时释放有毒代谢产物，导致机体发病。这类因素所导致的疾病往往呈散发性，发病率和死亡率很低。

3. 矿物质及维生素缺乏

矿物质及维生素缺乏是导致猪代谢病的重要原因，如钙、铁、锌缺乏，维生素A缺乏等导致的疾病，其病程发展较慢，呈进行性发展，药物治疗没有效果，补充缺乏的物质时则效果显著。

4. 毒物

毒物是猪中毒病的重要致病因素，包括有机的、无机的，饲料性的、药物性的，如亚硝酸盐、食盐、有机磷、黄曲霉毒素等。不同的毒物能够引起不同类型的疾病，毒物导致的疾病具有较短的潜伏期和蓄积作用；临床症状因猪的品种、性别、年龄、营养状况的不同而不同，同时与毒物的浓度、毒性有很大关系，往往具有群发性，解除毒物后猪群症状明显好转。

5. 遗传因素

遗传因素主要是指遗传物质发生改变或产生致病基因。此类疾病具有遗传性和家族性。例如，氟烷基因携带猪，在运输、转栏、高温、配种或驱赶时，极易发生呼吸急促、心跳亢进、体温升高、肌肉僵直、后肢痉挛性收缩，并很快死亡，屠宰时常出现苍白、柔软、有液体渗出的肉；携带致病性大肠杆菌受体基因的猪，往往会患大肠杆菌病，不携带此基因的猪则不发病。此外，遗传因素对病毒性传染病的发生也有一定的影响。

6. 环境因素

猪舍环境的好坏直接影响着猪的健康状况。猪舍内的卫生条件、温度、湿度、通风换气等都要达到要求，舍内温度过高或过低、通风换气不良等都能成为致病因素。

二、猪群疾病监视

猪群疾病监视是指对正常猪群进行的日常观察和健康评估，它是对猪病预警的重要手段，经验丰富的兽医、技术人员通过观察，能够甄别正常个体和非正常个体，异常猪群和正常猪群，对猪群可能发生的疾病做出预警。

1. 临床观察

（1）动态观察 首先观察猪群的自然活动，而后驱赶猪只，强迫其活动，观察其精神状态、起立姿势、行动姿势、排泄情况等。健康无病的猪起立敏捷，行动灵活，步态平稳，随群前进，摇头摆尾，两眼前视，

起立或行动中可排粪尿，粪软尿清，排姿正常，偶然敲打则发出洪亮叫声。患病的猪则精神沉郁，不愿起立，立而不稳，行动迟缓，步态踉跄，弓背夹尾，跛行；咳嗽，鼻液增加，呼吸困难，眼窝下陷，声音嘶哑，有的病猪则异常兴奋，粪便干硬或泻痢，尿黄而少。

（2）静态观察　在猪群安静休息、保持自然状态的情况下，首先听有无异样的声音，如呻吟、咳嗽、异常鼻音、呼吸急促、喘息等。其次观察猪只休息时的姿态，健康猪常取侧卧，四肢舒展伸直，头侧着地，若趴卧时则后腿屈于腹下，站立时平稳，走动拱食，呼吸均匀深长，被毛整齐有光泽，反应敏感，当人接近时，会表现出警惕，触击时两眼直视。病猪则多站立一隅，鼻镜触地，全身颤抖或独睡一处，有的病猪倦卧呻吟，呼吸急促或喘息，或呈犬坐式。最后观察猪的体表有无异样变化，如眼、鼻是否有分泌物，耳朵及皮肤上是否有红斑、发绀或变色，尾部及肛门是否有稀粪沾污，被毛是否粗乱无光。

（3）饮食观察　在猪群自然采食、饮水时，观察有无不食不饮、少食少饮、异常采食和饮水等表现，以及有无吞咽困难、呕吐、流涎、提前离槽等现象。健康无病的猪饿时会叫，饲喂时迅速抢食，大口吞食饲料，吞食有力，节奏明显。患病的猪则懒得上槽，食而无力，稍吃几口即离槽或闻而不吃，只饮水不吃料，甚至食欲废绝，饲喂结束后，与健猪相比腹部塌陷。

（4）体温测定　猪的很多疫病存在体温升高的特征，尤其是急性热性传染病，因此，测定体温是疫病监测的一个重要指标。但有些疫病猪的体温并不升高或升高不明显，如非典型性猪瘟。故体温的测定结果必须与其他症状相结合，才能得出正确的判断。

2. 病理学观察

对意外死亡或正常宰杀的猪进行病理学检查，由于猪患病后组织器官都有不同的病理损伤，尤其是对具有示病性病变的疾病，病理学观察尤为重要，通过病理变化的观察为潜在疾病的诊断或为判断可能发生的疾病提供参考依据。同时也要检测组织器官有无寄生虫的侵袭，为猪群是否驱虫提供依据。

3. 实验室监测

监测重点主要集中于两个方面：一是病原监测，检测对象主要为种猪群，评估主要病原对猪群的污染程度，发现带毒种猪及时淘汰；二是抗体监测，检测对象为所有猪群，测定猪群对主要疫病抵抗力的高低，

评估猪群发生重大疫病的概率和风险，提前制订有效的防控措施。

第二节　防病饲养方法

初生仔猪既是猪生长发育最快的阶段，也是机体抵抗力最弱、最容易得病的时期，所以，加强哺乳期母猪和初生仔猪的科学饲养管理，对以后培育种猪和养好育肥猪具有重要意义，可明显地提高养猪生产的经济效益。

1. 哺乳母猪的饲养

对哺乳期的母猪，要给予营养丰富，并且含蛋白质、无机盐和维生素较多的饲料，特别是哺乳期的头 1 个月更为重要，使其能分泌更多更好的乳汁，以保证仔猪的营养来源。仔猪断奶前 3 ~ 5 天，应逐渐减少母猪的精料和多汁料的饲喂量，以防止母猪断奶后发生乳腺炎。

2. 初生仔猪的饲养

（1）控制环境保温　仔猪体温为 39 ~ 40℃，为保持其体温恒定，需要有较高的环境温度，一般出生时需要 35℃，2 日龄内 32 ~ 34℃，7 日龄后可从 30℃逐渐降至 25℃。随着日龄增加，自身调节体温的能力逐渐增强，至 21 日龄左右则发育完全。

【小技巧】>>>>

保温方法：冬天可采用火炕取暖、红外线灯保温、保温板取暖等方法，春秋可加铺垫草或锯末等，并堵塞风眼，以提高分娩舍的温度。分娩舍最好是密闭的形式，用排气风扇通风，通风时，气流不能直接吹到仔猪身上。

（2）尽早吃初乳　初乳含有较高的免疫球蛋白，刚出生的仔猪对免疫球蛋白的吸收能力很强，24 小时后就会很快降低。早吃初乳可使仔猪吸收较多的母源抗体而获得被动免疫，提高对疾病的抵抗力。

（3）提早补料和饮水　初生仔猪的消化功能不健全，对进入胃肠内的病原微生物没有抑制作用，所以容易发生疾病。仔猪吃一些饲料，可促进胃肠功能的活动，不仅能加强消化作用，而且可预防仔猪下痢。通常情况下，仔猪从 7 日龄开始就能到栏外活动，此时即可训练其补料采食，把炒熟的粒料撒在干净的地面上，让母猪带领仔猪采食。当仔猪能自己采食以后，就可把混合饲料放在食槽里喂给。仔猪从 3 ~ 5 日龄开始，就应让它喝到清洁的饮水，以防仔猪去喝污水或尿液而引起疾病。

（4）补喂无机盐　仔猪贫血一般是缺铁性的，常见于5～21日龄。母乳中铁的含量很少，一般不能满足仔猪的营养需求，必须人工补充。最简便的补充方法是在猪舍的一角放些清洁的深层红壤土，让仔猪啃食，或于出生后第2、5、7、10、15日，喂服硫酸亚铁和硫酸铜的混合液（硫酸亚铁2.5克，硫酸铜1克，水100毫升，混合溶解），每头每次1毫升，每天2次。

3. 断奶仔猪的饲养

在仔猪断奶时，应暂时原圈原群饲养。在断奶后半个月内，饲料和饲喂次数均不要变，定时定量喂给，逐渐过渡到育成猪的饲料标准和饲喂方法。

> **提示**
>
> 仔猪40～60日龄阶段是增重最快的时期，每天22：00后应加喂夜食1次。

4. 育肥猪的饲养

（1）营养全价的饲料配比　猪在育肥阶段其生长速度加快，营养需求高，如果此时营养缺乏，则容易出现免疫力低下、基础抗病力差等问题。育肥阶段猪的采食量最大，营养全价的饲料配比可以提高饲料转化率，增加经济效益。饲料营养不全，特别是受到霉菌毒素的污染，则会造成猪只患病或生长受阻，从而影响猪场的经济效益。

（2）全进全出　全进全出是阻断猪病循环发生的重要方法，猪舍留猪危害较大，因为猪舍内留下的猪往往是生长发育不良的猪只、病猪或病原携带猪，等下一批猪进来后，这些猪就可作为传染源传染新进的猪只，新进猪只就有可能发病，生长缓慢或成为僵猪，而转群时又留了下来，成为新的传染源。全进全出，不仅能提高生产效率，而且有利于疫病的预防。繁殖母猪要做到同期发情、集中配种、集中产仔，以便于产房和哺乳母猪舍的消毒。仔猪断奶后应集中进入育成猪舍或育肥猪舍，做到同时出栏。猪群离舍后，猪舍应彻底消毒，空圈半个月以上再引入健康猪群。

（3）饲养密度合理、通风良好　饲养密度太高，猪只容易打架，且疾病水平传播的速度和发病率显著升高，尤其是呼吸道疾病。保持合理的饲养密度会有效降低疾病的发生概率，从而提高猪场的经济效益。

育肥阶段猪的疾病主要是呼吸道疾病，而其发生与空气质量、尘埃、氨气和其他有害气体的浓度有关，尘埃可携带大量的细菌和病毒，如通风不良，则有害气体的刺激或携带病原的尘埃在肺部沉积，从而引起疾病的发生。

5. 严格隔离饲养

猪场生产区只能有一个出口和一个入口，禁止非生产人员和车辆进入生产区。猪场门口设消毒池、更衣室及消毒走廊。生产人员进入生产区时都要更换已消毒的工作服和胶靴，工作服在场内清洗并定期消毒。卸料、装猪的车辆只能在场外停靠，不得进入生产区。猪舍一切用具不得带出场外，各猪舍的用具不得串换混用。不能从场外购买猪肉，生活上所需肉食由本场供给。严格控制参观活动，一般应谢绝参观，必须参观者应更换已消毒的工作服和胶靴，通过消毒走廊进入生产区。坚持自繁自养，减少疫病的传入。

第三节 猪场消毒与防疫

一、猪场消毒

猪场在未发生疫情时，圈舍的消毒一般在春、秋两季各进行 1 次。采用“全进全出”饲养管理方式的猪场，应在全出后进行消毒。产房应在产前、产后、产仔高峰期各进行 1 次消毒。消毒时要根据以往的疫情有目的地进行，消毒剂的选择也要有针对性。猪场的消毒可采用以下程序实施。

（1）猪场门口的消毒 严格执行消毒制度，杜绝一切传染来源，是确保猪群健康的重要措施。在大门入口处设消毒池，消毒药使用2%氢氧化钠溶液或1%复合酚类的菌毒敌等，每周更换 1 次，保持消毒池内消毒药液的有效性，消毒对象主要是车辆的轮胎。各种用具、饲槽及载运车辆等需每天刷洗，定期消毒。猪舍垫料应定期更换，新更换的垫料应事先消毒，消毒时可用福尔马林熏蒸 5 ~ 10 小时。

（2）工作人员的消毒 饲养人员、兽医进入猪场前必须在门卫室洗手，用消毒皂或消毒液（可用 0.1% 新洁而灭溶液）清洗。进入猪场须穿专用胶靴，用具在入场前须喷洒消毒。

（3）猪舍及运动场的消毒 猪舍消毒分空圈消毒和带猪消毒。空圈消毒时分两步进行：一是清除粪尿及垫料，运出做无害化处理，再用高

压水彻底冲洗；二是在猪舍干燥后，用2%氢氧化钠消毒液喷洒消毒，消毒后须彻底冲洗，除去消毒液，以免腐蚀皮肤和用具。如猪舍有密闭条件，可关闭门窗，用福尔马林熏蒸消毒12～24小时，然后开窗通风24小时；也可用过氧乙酸、复合酚类的菌毒敌等熏蒸消毒。舍内带猪消毒，可用对人畜无害的消毒液，如百毒杀、0.05%过氧乙酸或0.5%强力消毒灵等喷洒消毒。在病猪舍、隔离区的出入口处应放置浸有消毒液的麻袋片或草垫，如为病毒性疾病，则消毒液可用2%氢氧化钠溶液或1%菌毒敌，而对其他的一些疾病则可浸以10%克辽林溶液。运动场及场内道路消毒可按空圈消毒法进行。

（4）用具消毒　猪饲槽、饮水器、载运车辆以及各种用具需每天刷洗，定期用0.1%新洁而灭或强力消毒灵、次氯酸钠消毒液、抗毒威等消毒。猪舍垫料应定期更换，新更换的垫料应事先消毒，可高压灭菌或用福尔马林熏蒸5～10小时。

（5）分娩母猪的消毒　母猪在分娩前须对乳头、阴户用0.1%高锰酸钾溶液擦洗消毒，而后送入消毒过的产房待产。

（6）引进猪的消毒　从场外引进猪时须用对人畜无害的消毒药对猪进行消毒，带猪消毒（体表）可用百毒杀或0.1%～0.2%过氧乙酸溶液。

（7）参观后的消毒　来人参观猪场后，需对参观路线或全场进行喷雾消毒或洒消毒液消毒。

二、猪场防疫

（1）猪场卫生管理实行场长负责制　由场长组织拟定本场兽医卫生工作计划，制订各部门的防疫卫生岗位责任，组织领导实施传染病、寄生虫病、中毒病、营养代谢病的预防和控制工作。

（2）坚持隔离检疫　必须从外地引进新的猪种时，只能引自非疫区的健康猪场。经权威部门或当地兽医部门检疫并签发检疫证书，再经本场兽医验证、检疫并隔离观察1～2个月，经检查认为是健康猪只后，再全身喷雾消毒，方可起运进入本场混群饲养。在隔离期间应补注各种没有免疫注射的疫苗，同时驱除体内、体外的寄生虫。

（3）猪舍气候环境的卫生要求　猪舍要冬暖夏凉，夏季舍温不超过30℃，冬季不低于12℃，仔猪舍冬季的地面温度不低于23℃。相对湿度控制在65%～75%。在气温为14～23℃、相对湿度为50%～80%的条件下，

猪的育肥效果最好。低温高湿易引起各种呼吸道疾病、消化道疾病、皮肤病和关节炎等，应防止湿度过高。消除舍内有害气体，除通风换气外，应及时消除粪尿污水，不让其在舍内分解腐烂。猪舍的防潮和保暖是减少有害气体的重要措施。猪舍的自然采光面积应适宜本猪群的生长需要。

（4）疾病预防要求 要根据本地区疫病流行情况，制订本场的免疫程序和免疫检测程序，定期免疫接种和检测免疫水平；制订药物预防程序，选择敏感药物定期进行细菌性疾病的控制，采用广谱驱虫药物定期驱虫。

（5）定期监测生产猪群 定期监测生产猪群是控制猪场疫病流行的重要措施，其内容应包括免疫水平监测和疫病监测。应每天观察猪群健康状况，监察疫情，发现问题及时处理。猪群健康检查一般从运动、休息、摄食饮水和体温等环节着手。对检查出的病猪，应根据情况做妥善处理。凡属传染病病猪及可疑病猪，应立即隔离治疗，必要时应予以扑杀。定期抽样采血分离血清，监测重大传染病的免疫水平（即抗体滴度），及时提出补防措施。

（6）杀虫灭鼠 杀虫灭鼠可以消灭传染病的传播媒介和传染来源，也是防疫卫生的重要内容。猪场必须做到经常清除垃圾、杂物和杂草，搞好猪舍周围的环境卫生，不让鼠类和害虫有藏身和滋生之地。定期使用杀虫药喷洒猪舍内外和蚊蝇容易滋生的场所。及时清除饲料残渣，将饲料保存在鼠类不能进入的房舍内，使之得不到食物。用捕鼠夹捕杀鼠类或使用对人畜毒性低的毒鼠药物。

（7）粪便、污水处理 为防止污染环境，特别是当发生传染病时，为防止疫病传播，对猪场排出的粪便污水应进行无害化处理。最常用的粪便消毒法是生物热消毒法，应用这种方法，能使非芽胞病原微生物污染的粪便变为无害，且不丧失肥料的应用价值。用5%氨水（用含量为18%的农用氨水2.5千克，加水6.5千克配成）喷洒消毒也可获得较好的效果。污水可用沉淀法、过滤法或化学药品（每升污水加2.5克漂白粉）处理。

第四节 猪病诊断

一、猪病经典诊断

1. 临床诊断

临床诊断是技术人员通过流行病学、临床症状、猪场病史、免疫状

况等综合分析做出初步诊断的方法。该法既古典、简单、实用，又是最基本的诊断手段，为治疗及控制疾病提供临床依据。由于很多疾病具有相似的临床症状，特别是发病初期、无特征性症状时，或多种病原混合感染时，仅仅依靠临床诊断很难确诊，但有经验的兽医技术人员，通过临床诊断能够将发生的疾病锁定在很小的范围，为验证诊断提供依据。

2. 病理学诊断

病理学诊断是运用兽医病理学理论与技术确认猪病的一种手段，通过对病猪的剖检，用眼观察和组织学检查各器官及其组织细胞的形态学变化以达到诊断目的。对于具有特征性眼观病理变化和特征性组织学病理变化的疾病，可以通过病理剖检直接确诊，如猪结核病、猪炭疽、肺线虫病、典型猪瘟、猪副伤寒、猪支原体肺炎等。对于没有特征性病理变化的疾病，可以做病理组织学检查，为进一步诊断提供启示和线索。在疾病的发生过程中，一个病例往往代表该疾病的某一个方面，多个病例才能全面反映该疾病全部过程的病理变化特征。也就是说一种疾病的特征性病变不一定在一个病猪上全部表现出来，而只是表现特征性病理变化中的某一个阶段，因此，在病理学诊断时，多观察一些病例更具有代表性。

3. 病原学诊断

病原学诊断是运用兽医微生物学理论与技术确认病原微生物的诊断方法，该法是猪病的主要诊断方法之一。依据病原微生物的生物学特性，利用直接镜检、分离培养鉴定和动物试验等一系列检验程序，以期最终把致病微生物鉴定到种和型，从而达到确诊疾病的目的。诊断结果正确与否与病料采集、保存、送检及检验技术是否适当密切相关。当前猪病常常是多病原的混合感染或继发感染，一例病料往往分离出多种病原体，给确诊增加了难度，应注意分析判断。病原学诊断虽是确诊的重要依据，但也应注意动物的健康带菌（毒）现象，其结果还需与临床及流行病学、病理变化结合起来进行综合分析。

4. 免疫学诊断

免疫学诊断是应用免疫学理论及技术检测病原微生物的抗原、抗体及其分泌的毒素，从而达到对疫病确诊的目的。由于抗原抗体结合具有特异性和专一性的特点，这种检测能够定性、定位、定量地检测某一特异的抗原或抗体。免疫学诊断方法的应用范围在日益扩大，它不仅是疾病诊断的重要方法，也为众多学科的研究提供了方便，在猪病诊断中也是最常用的方法之一。免疫学诊断方法主要包括免疫标记技术、抗原抗

体凝集反应、沉淀反应、中和反应等。

5. 分子生物学诊断

分子生物学诊断又称基因诊断，是采用分子生物学技术，在核酸分子水平上对基因的结构和功能进行分析，从而对疾病做出诊断的方法，主要是针对不同病原微生物所具有的特异性核酸序列和结构进行测定。基因诊断技术主要包括核酸分子杂交技术、聚合酶链式反应技术、基因多态性分析技术、单链构象多态性分析技术、荧光原位杂交染色体分析技术等。

二、猪病快速诊断

1. 猪病快速诊断方法

猪病快速诊断就是运用动物医学理论和技术在最短的时间内对疾病本质做出正确的判断。要获得正确的判断就必须有严谨的逻辑思维和论证。猪病快速诊断方法包括论证诊断法、鉴别诊断法和验证诊断法。

（1）论证诊断法 论证诊断法就是对在猪病检查中所搜集的症状及病理变化，构建诊断树，分清主次，按照主要症状和病理变化推断出一个疾病，再把临床上所见的主要症状及病理变化与所设想的疾病互相对照印证，如果用所设想的疾病能够解释主要症状和病理变化，且又和多数其他症状不相矛盾，便可得出结论而确立诊断。

由于论证诊断法简便、快速，因此，在猪病诊断中被多数兽医工作者广泛使用，尤其是经验丰富的兽医工作者。当病猪临床症状大量呈现或出现综合症状和特征性症状时，使用论证诊断法就比较适宜。相反，如果临床症状呈现得不够充分，而兽医技术人员又缺乏临床经验或不善于进行逻辑推理，则用鉴别诊断法较为稳妥。切不可随便设想一个疾病确定诊断结论，以免造成错误诊断。

（2）鉴别诊断法 在疾病的早期，症状和病变不典型或多种病原体感染的复杂疾病，找不出可以确定诊断的依据来进行论证诊断时，可采用鉴别诊断法。其具体方法是先根据一个主要症状及主要病变或几个重要症状及病变，提出多个可能的疾病，这些疾病在临床上比较近似，但究竟是哪一种，须通过仔细鉴别、对比，逐步排除可能性较小的疾病，逐步缩小鉴别的范围，直至剩下一个或几个可能性较大的疾病。

在提出待鉴别的疾病时，范围宁大勿小，将所有可能的疾病都考虑在内，以防遗漏而造成错误诊断。鉴别诊断需考虑全面，但也不能漫无边际，要有理论依据和临床依据。一切从临床实际出发，抓住导致疾病

的主要矛盾提出病名。在症状及其信息材料相似的情况下，首先考虑高发疾病，如多发性传染病和难于净化的疾病，然后是稀有病、少见病和从未发生的疾病，确保理论依据和临床经验的一致性。

在进行鉴别诊断时，可以多次否定与临床症状及病变相矛盾的一些疾病，经过几次否定后，筛选出一个或几个可能性较大的疾病，筛选出的疾病要能够解释病猪所呈现的全部临床症状及病变，尤其是解释本病的示病性症状和示病性病理变化，如果符合多个疾病所呈现的症状，则就可能存在多重感染的并发病或继发病。为了保证诊断的准确性，论证诊断法与鉴别诊断法可以同时应用，互相考证。

（3）验证诊断法　验证诊断法是利用特定的诊断试剂确诊某一种疾病的诊断方法，该方法特异敏感、简便快速。无论是论证诊断还是鉴别诊断确立的疾病，都须经过特异诊断方法进行验证，经过验证诊断认可的疾病，才能称得上真正意义上的确诊。常用验证诊断法包括免疫学诊断、病原学诊断和分子生物学诊断等。治疗验证也是一种有效的辅助验证手段，尤其是细菌性疾病、中毒性疾病。未获得验证诊断认可的疾病诊断，必须进行修正诊断，根据疾病的发展变化重新审查和判断，最终获得验证诊断的认可，从而得到正确的诊断结论。

在猪病诊断中三种诊断方法相互叠加、相互依托，没有论证诊断和鉴别诊断为基础的验证诊断是盲目的，没有验证诊断认可的论证诊断或鉴别诊断不能算是确切的诊断，只有认清三种方法的相互关系并熟练运用，才能真正实现猪病的快速诊断。

2. 猪病快速诊断程序

猪病快速诊断程序包括调查病史，确证临床症状和病变；疾病大类归属；症状和病变鉴别，建立初步诊断；验证诊断确定病性。

（1）调查病史，确证临床症状和病变　调查病史就是了解猪群过去的发病情况。完整的病史对于建立正确的诊断是非常必要的，要获得完整的病史资料，应全面、认真、系统地进行调查，同时调查病史要排除主观性和片面性的影响，以免导致错误的诊断。

要建立正确的诊断，除调查病史外，还必须确证病猪的临床症状和病理变化。详细检查发病猪，认真记录其临床症状和病理变化，并根据疾病的发展进程随时观察和补充记录。要观察疾病发生全过程中每个阶段的变化，只有获得疾病发展全过程的所有症状和病理变化，综合分析后找出示病性症状和示病性病理变化，才能获得对疾病完整的认识。在检查、记录症状的过程中，要善于及时归纳和逻辑推理，将理论分析和临床分析相结合，努力发现新线索和潜在的线索，逐步提出可能的疾病和需要检查的内容。

（2）疾病大类归属 在调查病史和临床检查之后，首先进行疾病大类归属，猪的疾病可概括为五类，即传染病、寄生虫病、中毒性疾病、营养代谢病和遗传病。传染病的发生特点一般是先有少数或部分猪发病，然后蔓延到全群或其他猪舍，并具有传染病的特征性发展规律。寄生虫病本身不具传染性，但一些血液寄生虫病，在蚊虫叮咬时可以传播，具有明显的季节性。中毒性疾病由毒物引起，毒物为饲料时多为全群同时发病，或饲喂同一批饲料的猪同时发病；化学药物中毒性疾病的发生相对较少，由于使用药物不当而引起的中毒也时常可见，一般情况不会引起全群发病，如果饲料内药物添加的剂量过大，也可导致全群发病。营养代谢性疾病往往群发，并具有示病性的特征性变化。猪群疾病归类详见图1-1。

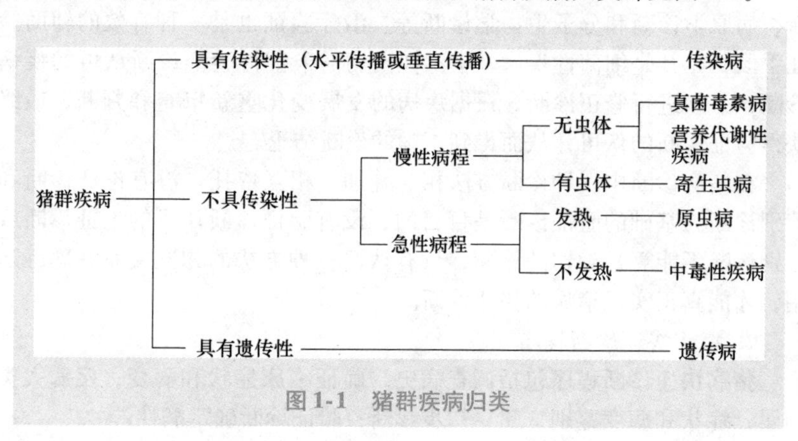

图1-1 猪群疾病归类

（3）症状和病变鉴别，建立初步诊断 在归类疾病的基础上，将分散和不系统的临床症状进行整理归纳，或按时间先后顺序排列，或按各系统进行归纳，有利于发现线索和问题，注意它们之间有无内在联系，从相互联系中进行细致深入地分析。此外还必须经过逻辑分析，甄别整体和局部、主要和次要的临床症状。只有连贯起来思索、分析各种检查结果之间的内在联系，才能提出正确的诊断。

建立诊断，就是对病猪所患疾病提出病名。病名的提出应与患病器官、疾病性质和发病原因相一致。要想提出恰当的病名，建立比较正确的初步诊断，除了上述症状分析中应注意的几个关系外，还要求能够善于发现综合症状或示病症状，最后再运用论证诊断法或鉴别诊断法进行甄别。在建立诊断时，首先要考虑常见多发病，注意猪的年龄、地区和环境条件等。如30日龄以内的仔猪多发大肠杆菌病，2～4月龄的幼猪多发副伤寒，在某些传染病流行地区首先要考虑这些传染病，土质含氟过多的地区要考虑氟中毒，缺硒地区要考虑硒缺乏症等。

（4）验证诊断确定病性　疾病诊断是一个对疾病反复验证和认识的过程，一般来说对于疾病的诊断不是一次完成的，它往往要通过反复的认识和多次的验证，才能最后确诊。应用治疗性验证和特异检查验证诊断，是疾病诊断不可缺少的重要程序。每种疾病必须具有对应可见的检查结果，才能达到正确诊断的目的，详见图1-2。

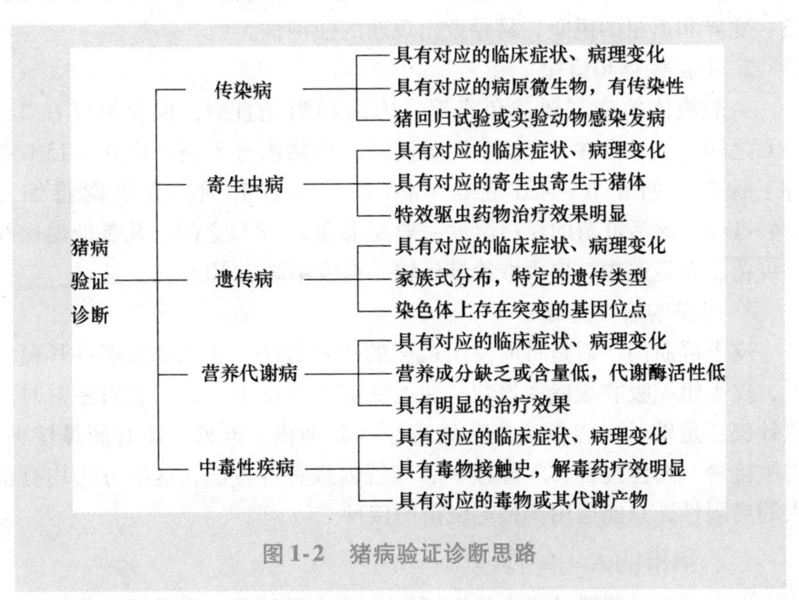

图1-2　猪病验证诊断思路

综上所述，以上四个基本程序之间互相联系，相辅相成，缺一不可。

第五节　猪群的免疫

一、猪用疫苗

1. 猪用疫苗的种类

用于预防病毒性传染病的生物制品称为疫苗，用于预防细菌性传染病的生物制品称为菌苗，两者主要区别在于抗原的种属不同，在非严格意义上，两者一般统称为疫苗。临床常用疫苗的种类主要有以下几种。

1）常规弱毒疫苗又称活疫苗，活疫苗能够在动物体内短时间繁殖，并不断刺激动物机体产生免疫应答，优点是产生免疫保护快，成本低；缺点是存在毒株重组、变异和返祖的风险，免疫效果受母源抗体或残留抗体影响，疫苗间产生相互干扰。

2）常规灭活疫苗又称死苗，优点是安全性和免疫原性好，不受母源抗体或残留抗体的干扰；缺点是用量大，成本高，产生免疫保护慢，注射部位易引起炎性肿胀。

3）基因工程疫苗包括基因缺失疫苗、基因标记疫苗、核酸疫苗等，优点是能够区分野毒感染，便于疫病净化，成本低；缺点是存在毒株重组、变异和返祖的风险，易导致出现新的强毒株。

2. 疫苗保存和运输

一般液体的疫苗要避免高温、冻结和阳光直射，保存温度在2～15℃之间。冻干苗在0℃以下低温储藏，如猪瘟冻干苗，应在－15℃条件下保存，如在0～4℃或0～8℃条件下保存时，有效期将缩短1/4～1/2。灭活疫苗的保存温度一般要求在2～8℃之间，凡是低温保存的疫苗，在运输中，应采取冷链运输，温度不高于10℃。

3. 疫苗的接种方法

皮下或肌内注射是目前使用最多的接种方法。注射部位多在耳根皮下，皮下组织吸收缓慢而均匀，油类疫苗不宜皮下注射。肌内注射时注意针头要足够长，以保证疫苗确实注入肌肉内。此外，还有滴鼻接种、内服接种、穴位接种、气雾接种、气管内接种等方法，这些方法均有很大的局限性，只能运用于特定疫苗的接种。

二、猪群的人工免疫

人工免疫是猪群健康生长不可缺少的重要程序。要保证疫苗的免疫效力，需注意以下几个环节。

1. 正确选择疫苗

由于预防猪病的疫苗很多，不能全部注射或盲目注射，要根据当地和周边传染病的发生、流行特点，结合本场实际情况，合理选择疫苗，有目的地进行免疫接种。对当地从未发生过的传染病或散发性疫病，一般不选用该类型的疫苗，尽量选择与流行毒株血清型相同的疫苗。购买

时注意检查疫苗的批准文号，疫苗的瓶口、胶盖是否密封，认清标签上的名称、生产批号、有效期，对过期、冻干苗失真空、油苗分层、温度保存不当、瓶内有异物，疫苗抗原含量不达标或发生物理与化学异常变化的疫苗不能购买。最好在动物防疫部门或生物制品厂家购买。

2. 正确选择免疫对象

疫苗接种时要选择健康猪作为疫苗的接种对象，使用疫苗前对散养猪或猪场的猪群做健康检查，凡是患病、瘦弱、妊娠后期、体质不健康的猪应做好登记，不能作为接种对象。在接种过程中或接种后，观察接种猪是否有应激反应，如果发现有应激现象，要及时对症治疗。

3. 确保正确注射

接种疫苗使用器械的选择原则是无菌，在接种前后所用器械均需高压灭菌。注射针头长度适中，确保疫苗进入肌层；注射部位涂擦酒精、碘酊不宜过多，使用5%以下的碘酊消毒皮肤，再用干棉球擦干，避免消毒剂沿针孔进入注射部位，造成对活疫苗的杀灭作用。

4. 制订科学的免疫程序

在对猪群免疫接种时，利用何种疫苗，何时接种，接种疫苗的数量、种类、先后顺序及间隔时间等必须合理。多种疫苗的无序接种或同时接种，不仅增加免疫成本，而且又无法取得良好的免疫效果，因此，只有合理地选择疫苗、建立科学的免疫程序，才能达到既经济又防病的目的。

不同的猪场存在不同的疫情状况，注射疫苗的种类和疫苗的数量各不相同，而且猪群的饲养状况、健康状况、免疫状况也存在较大差异，因此，猪群的免疫程序没有固定的模式，更不能机械性搬用。养猪场需要依据自家猪场的实际情况，合理制订疫苗免疫的顺序、时间间隔和免疫次数。

5. 免疫效果的检测

对免疫猪群随机抽样5%~10%头，采血分离血清样品，有条件的猪场可自行测定抗体水平，没条件的可送指定单位测定，如免疫失败，要及时查出失败的原因，在解决问题的基础上进行补免，并再次检查免疫效果，直至完全保护为止。猪群处于潜伏期，某些猪只体弱、健康状况不佳，仔猪母源抗体较高，接种途径不正确，同时注射多种疫苗，造成相互干扰，疫苗抗原含量不达标，潜在的免疫抑制等，均可导致免疫应答的失败，因此，免疫检测是评价疫苗免疫效果的重要手段。

三、猪群的免疫程序

猪群的免疫需要有一个合理的免疫程序，评价免疫程序是否合理有两个主要指标，一是猪群能否对疫苗高效应答，二是猪群对特定病原体的易感率低于5%。各地猪场应在实际生产中总结经验，制定出符合本地区、本场具体情况的免疫程序。在对猪群免疫时应调查了解当地疫病流行情况，如有疫情应首先考虑对疫病的紧急预防接种，并预测接种后猪群的反应。根据目前我国猪病的流行情况，结合多数猪场的生产实际，拟定了猪群免疫程序和猪病防疫常用疫苗的免疫程序，详见表1-1和表1-2。该免疫程序仅供参考。

表1-1　猪群的免疫程序

序号	接种日龄	疫苗名称	免疫方法	说明
1	30	猪瘟弱毒疫苗	肌内注射1毫升	
2	30	O型口蹄疫灭活苗	肌内注射3毫升	
3	50～60	猪瘟、丹毒、猪肺疫三联苗	肌内注射1毫升	也可用二联或单苗进行接种
4	100	乙型脑炎弱毒疫苗	肌内注射1毫升	
5	150	伪狂犬病灭活苗、猪繁殖与呼吸综合征灭活苗	肌内注射各5毫升	限于后备公猪、母猪首免
6	180	细小病毒灭活苗	皮下注射2～5毫升	限于后备公猪、母猪
7	200	猪瘟弱毒疫苗	肌内注射1毫升	
8	220	猪繁殖与呼吸综合征灭活苗、伪狂犬病灭活苗	肌内注射各5毫升	二免
9	220～300	大肠杆菌工程苗、传染性胃肠炎灭活苗、流行性腹泻灭活苗	后海穴注射1头份	限于母猪临产前5～30天接种
10	300～成年	O型口蹄疫灭活苗	肌内注射3毫升	每年10月普遍接种
11	猪支原体肺炎弱毒苗、副伤寒苗、链球菌苗、猪梭菌性肠炎苗			根据各场的具体情况酌情选用

注：商品肉猪接种到序号3即可。

表 1-2　猪病防疫常用疫苗的免疫程序

序号	疫苗名称	免疫产生时间	免疫剂量	免疫程序	注意事项
1	猪瘟弱毒苗	5～7 天产生免疫力	大小猪肌内或皮下注射 1 毫升。有母源抗体或抗体高时适当加大免疫剂量（一般为 4～5 倍）	常规免疫：母猪配种前免 1 次，免疫母猪所产仔猪 30～35 日龄首免，65～75 日龄二免。种公、母猪应于春秋各免一次	1. 注苗前检测抗体 2. 运苗时应冷链保存 3. 疫苗稀释后尽快用完 4. 病、弱猪，食欲、体温不正常的猪不注苗
2	猪丹毒氢氧化铝灭活苗	14～21 天产生免疫力	断奶后肌内或皮下注射 5 毫升	10 千克以上或 45～60 日龄首免，常发区 90 日龄二免，以后每半年免 1 次	防止冻结，用时摇匀。弱猪、病猪、孕后期母猪及气候突变时不注苗
3	猪丹毒弱毒苗	7～9 天产生免疫力	肌内或皮下注射 1 毫升	仔猪 45～60 日龄首免，常发区猪场 90 日龄二免，以后每半年免 1 次	1. 免疫前后 10 天不能用抗生素 2. 配种后两周，后备母猪、妊娠末期母猪、哺乳母猪不能接种
4	猪肺疫灭活苗	14 天产生免疫力	肌内或皮下注射 5 毫升	仔猪 45～60 日龄首免，常发区猪场 80～90 日龄二免	防止冻结，用时摇匀。弱猪、病猪、孕后期母猪及气候突变时不注苗

（续）

序号	疫苗名称	免疫产生时间	免疫剂量	免疫程序	注意事项
5	猪丹毒肺疫二联灭活苗	14～21天产生免疫力	肌内或皮下注射5毫升	仔猪45～60日龄免疫1次	防止冻结，用时摇匀
6	仔猪副伤寒冻干苗	7～9天产生免疫力	肌内注射每头1毫升，内服每头10毫升	疫区，30日龄和50日龄各免1次；非疫区，断奶后免1次即可。常发区，可在断奶后免1次，间隔3～4周二免	1. 运苗时注意冷藏 2. 疫苗稀释后尽快用完 3. 病猪、弱猪，食欲、体温不正常的猪不注苗
7	仔猪副伤寒灭活苗	14～21天产生免疫力	肌内注射5毫升	疫区30日龄首免，间隔8天二免，非疫区断奶后免1次	防止冻结，用时摇匀
8	猪链球菌多价灭活苗	10～14天产生免疫力	哺乳仔猪肌内注射3毫升，其他日龄仔猪肌内注射5毫升	妊娠母猪产前15～20天免1次；哺乳仔猪20～25天首免，50～60天二免	自家菌株灭活苗效果好。冻结过的苗不能用
9	猪链球菌弱毒苗	7天产生免疫力	肌内注射1毫升，内服每头2毫升		冷冻保存，稀释后4小时内用完，断奶猪和成猪均可用
10	猪大肠杆菌（黄痢）灭活苗	10～14天产生免疫力	肌内注射5毫升	妊娠母猪产前30天和15天各免1次，如防白痢新生仔猪7～10天再免1次	自家菌株灭活苗效果好。冻结过的苗不能用

（续）

序号	疫苗名称	免疫产生时间	免疫剂量	免疫程序	注意事项
11	K88、K99、987P 三价苗	5～7 天产生免疫力	每头肌内注射 1 毫升	妊娠母猪产前 40 天和 15 天各免 1 次	妊娠猪患急性病及胃肠病不用，免疫前 5 天不用抗生素，稀释后 6 小时用完
12	猪大肠杆菌（水肿）灭活苗	14～21 天产生免疫力	首免肌内注射 2 毫升，二免肌内注射 3 毫升	12～15 日龄首免，40～45 日龄二免	防止冻结，用时摇匀
13	猪梭菌性肠炎苗	14 天产生免疫力	每头肌内注射 5 毫升	妊娠母猪产前 1 个月免 1 次，隔 15 天再免 1 次	病猪、弱猪，食欲、体温不正常的猪及妊娠后期的猪不宜使用
14	猪乙型脑炎弱毒苗	7～10 天产生免疫力	每头肌内注射 1 毫升	蚊虫季节到来之前 45 天首免，间隔 15 天二免，种公猪、母猪配种前 45 天免疫	4 月免疫，最迟不超过 5 月中旬。疫苗启用后当天用完，注射部位禁用碘酒消毒
15	猪细小病毒灭活苗	10～14 天产生免疫力	每头肌内注射 2 毫升	后备母猪 4 月龄后，配种前首免，间隔 15 天二免，母猪配种前、分娩后 2 周免疫，种猪半年免 1 次	免疫时应先非疫区，后疫区。疫苗用时摇匀，启用后当天用完
16	猪细小病毒弱毒苗	7 天产生免疫力	每头肌内注射 1 毫升	配种前 30～45 天免疫	疫苗稀释后充分摇匀，1 次用完，未用完可存于 4℃ 环境下，有效期 2 天

（续）

序号	疫苗名称	免疫产生时间	免疫剂量	免疫程序	注意事项
17	伪狂犬弱毒苗	7天产生免疫力	每头肌内注射0.5～5毫升	分娩前3～4周免1次，乳猪断奶后免1次，非免疫母猪所产仔猪7日龄免1次，断奶后再免1次	非污染猪场一般不用，稀释疫苗当日用完
18	伪狂犬灭活苗	14～21天产生免疫力	仔猪每头肌内注射3毫升，种猪每头肌内注射5毫升	仔猪注射3毫升，3月龄以上未免猪注射5毫升。成猪、妊娠猪分娩前30天注射5毫升，仔猪15日龄首免	防止冻结，用时摇匀
19	猪型二号布氏弱毒冻干苗	7～10天产生免疫力	内服6毫升或肌内注射3毫升	每年免疫2次，免疫期1年	妊娠猪不能注射，可以内服，用时避免使用抗生素
20	猪萎缩性鼻炎灭活苗	14天产生免疫力	每头皮下注射2毫升	妊娠猪分娩前4周和2周各注射1次，仔猪1周首免，4周二免	避免冻结，用时摇匀
21	猪传染性胃肠炎冻干弱毒苗	5～7天产生免疫力	仔猪内服1毫升或肌内注射0.5毫升，小猪肌内注射1毫升，成猪肌内注射2毫升	妊娠母猪产前30～35天，后海穴注射2毫升。未免疫母猪所产仔猪1～2日龄滴鼻或后海穴注射0.5毫升，10～25千克猪注射1毫升，25千克以上猪注射2毫升	稀释疫苗当日用完

（续）

序号	疫苗名称	免疫产生时间	免疫剂量	免疫程序	注意事项
22	猪流行性腹泻与传染性胃肠炎灭活苗	14～21天产生免疫力	25千克以下的猪肌内注射1毫升；25～50千克猪肌内注射2毫升；50千克以上猪肌内注射4毫升	母猪产前20～30天免1次，其所产仔猪断奶后7日内免1次	避免冻结，用时摇匀
23	猪口蹄疫灭活苗	14天产生免疫力	普通苗：10～25千克的猪肌内注射2毫升，25千克以上肌内注射3毫升；浓缩苗：10～25千克的猪肌内注射1毫升，25千克以上肌内注射2毫升	仔猪35日龄首免，70日龄二免，肥猪90～100日龄再免1次；后备母猪经过35日龄、70日龄两次免疫后，配种前再免疫1次；繁殖母猪和种公猪分别在每年的1、5、9月各免疫1次	避免冻结，用时摇匀
24	猪繁殖与呼吸综合征灭活苗	14～21天产生免疫力	肌内注射2～4毫升	母猪配种前10天皮下注射4毫升，20天后再注射1次，种公猪配种前2个月注射1次，仔猪20日龄注射2毫升	避免冻结，用时摇匀，注射部位严格消毒

（续）

序号	疫苗名称	免疫产生时间	免疫剂量	免疫程序	注意事项
25	无荚膜炭疽芽孢苗	14 天产生免疫力	皮下注射 1 毫升	不论大小每头猪皮下注射 1 毫升，注苗后 14 天产生免疫力，免疫期 1 年	体弱、体温升高、年龄小于 1 月龄的仔猪及产前 2 个月的母猪均不能注苗
26	副猪嗜血杆菌灭活苗	14 ~ 21 天产生免疫力	肌内注射 2 毫升	种公猪每半年接种 1 次；后备母猪在产前 8 ~ 9 周首免，3 周后二免，以后每胎产前 4 ~ 5 周免疫 1 次；仔猪在 2 周龄首免，3 周后二免	避免冻结，用时摇匀，体弱、体温升高的猪不能注苗
27	圆环病毒灭活苗	14 ~ 21 天产生免疫力	皮下或肌内注射 2 毫升	仔猪 14 ~ 21 日龄免1 次。后备母猪配种前 45 天免 1 次，间隔 3 周后再免 1 次，产前 30 ~ 40 天免 1 次。生产母猪产前 45 天免 1 次，间隔 3 周再免 1 次	避免冻结，用时摇匀
28	猪传染性胸膜肺炎灭活疫苗	14 ~ 21 天产生免疫力	肌内注射 2 毫升	仔猪 35 ~ 40 日龄首免，首免后 4 周再免 1 次。母猪在产前 6 周和 2 周各注射 1 次，以后每 6 个月免疫 1 次	使用前将疫苗温度恢复至室温并充分摇匀

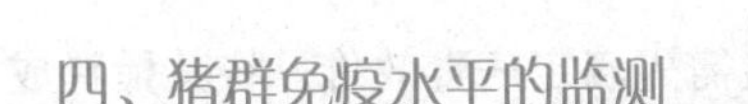

四、猪群免疫水平的监测

猪群免疫水平监测是控制疫病发生的重要措施。定期对免疫猪群进行免疫水平监测，可以了解猪群免疫效果，提示有无强毒感染，对整个群体的抗病力做到心中有数。过去兽医工作者对猪场的免疫监测不够重视，以致经常出现免疫失败而又找不到原因的现象。

1. 制订免疫监测计划

猪场免疫监测应根据当地疫情及本猪场的具体情况制订监测计划。重点应放在重要的传染病上，有条件的猪场可以自己开展监测工作，无条件的猪场可以委托相关单位进行。制订猪群的免疫监测计划，对有效控制猪群传染病的发生具有重要指导作用。

2. 免疫成功与失败的评价

在对猪群进行免疫监测时，应对猪群中每一个体的抗体水平作统计分析，绘制抗体水平分布曲线。在正常情况下猪群应答曲线为正态分布，抗体水平在保护线以上的个体应占总数的85%以上，说明免疫效果可靠。如发现抗体水平低下，群体保护率在50%以下时，说明免疫失败，应查找原因，加强免疫。如发现抗体水平高的很高，低的很低时，则表示该猪群可能有强毒感染。近些年来，国内外均有猪瘟免疫失败的报道，其中有的是由于防疫密度不足，或疫苗保存不当等因素导致免疫失败，但也有的是由于该猪群存在强毒感染，部分母猪因抗体水平不足，隐性感染猪瘟病毒，从而引起母猪繁殖障碍，这样的猪群经常散发猪瘟，疫苗无法控制，这是由于仔猪在胚胎期经胎盘感染强毒，形成天然免疫耐受性。它们出生后，有的死亡，不死者终身带毒，并且对猪瘟免疫没有应答。如果疫苗质量很好，免疫又很确切，而抗体又很低，就应考虑此种情况。

3. 免疫水平监测方法

免疫水平监测常用方法有酶联免疫吸附试验、微量中和试验、免疫胶体金试验等。

（1）酶联免疫吸附试验　该试验是根据抗原抗体或其他配体之间特异性结合，而不被洗脱的原理设计的，在反应板上包被与其对应的抗原，洗涤后再加与其对应的配体，可以层层叠加，但最上一层必须是酶结合物。酶联免疫吸附试验的设计方法很多，可根据检测需要选用。

（2）微量中和试验　该试验是采用固定病毒稀释血清的方法进行，

用于测定血清抗体的中和效价。试验需先滴定病毒效价，将其稀释成为每一单位剂量含 200 个 $TCID_{50}$。每个稀释度的血清中加入等量的病毒稀释液，并接种 4 孔铺层细胞，培养后，记录细胞病变情况，计算抗体的中和效价。

（3）免疫胶体金试验 该方法是以胶体金标记的抗原来测定抗体的效价，胶体金溶液呈透明的紫红色，当金标记抗原与抗体结合时，金溶胶颗粒凝集变大，溶液的颜色变浅，可用分光光度计测定吸光值的变化，来判定待检血清的抗体效价。也可用抗体检测试纸条、试纸卡测定免疫猪群的抗体水平。

第六节 猪病的药物预防及治疗

一、猪病药物预防的方法

1. 饲料给药法

将药物拌入饲料中，由猪自由采食获得药物，以期达到控制某些疫病发生的一种给药方法。该法省时省力，投药方便，适宜群体给药和长期给药。其缺点是如药物搅拌不匀，则会发生猪只采食药物不均，有的猪只采食药物不足，有的猪只采食药物过量而发生药物中毒。

注意

药物用量要准确、药料混合要均匀；饲料中不含影响药效的物质；饲喂前要把料槽清洗干净，并在规定的时间内喂完。

2. 饮水给药法

将药物加入饮水中，让猪只自由饮水获得药物，以期达到控制某些疫病发生的一种给药方法。该法省时省力，投药方便，适用于群体给药。其缺点是猪只个体之间饮水量不同，每头猪获得的药量可能存在差异。混水给药时应注意：使用的药物必须能溶于水；要有充足的饮水槽或饮水器，保证每头猪在规定的时间内都能喝到足量的水；饮水槽和饮水器一定要清洗干净；饮用水要清洁卫生，水中不含影响药效的物质；药物使用的浓度要准确；给药之前要停水，夏天停水 1～2 小时，冬天停水3～4 小时，这样可使猪只在较短的时间内饮到足量的水，以获得足量的药物；要在规定的时间内饮完，超过规定时间药效下降，则会失去预防作用。

二、药物预防的用药原则

1. 正确选药

根据猪场与本地区猪病发生与流行的规律、特点、季节性等，有针对性地选择高效、安全性好、抗菌谱广的药物用于疾病预防，切不可滥用药物。使用药物预防之前，先进行药敏试验，依据试验结果选择高敏感性的药物用于预防。先用人工合成类药如磺胺、喹诺酮等，后用抗生素，抗生素类先用窄谱后用广谱，先单方用药后联合用药。预防用拌料预混剂，治疗用水溶性预混剂。

2. 剂量准确

不同药物其有效剂量是不同的。用药时一定要按规定的用药剂量，均匀地拌入饲料或完全溶解于饮水中，以达到药物的有效工作浓度。用药剂量过大，不仅造成药物的浪费，还可引起毒副作用。用药剂量不足，用药时间过长，不但达不到药物预防的目的，反而诱导细菌对药物的耐药性。猪场进行药物预防时应定期更换不同的药物，以防止耐药性菌株的出现。饲料给药时，如果猪采食量正常，则按规定的剂量用药；若猪的采食量下降，应根据下降量增加拌料的药量。

3. 严防药物蓄积中毒

有些药物进入动物机体后排出缓慢，连续长期用药，可引起猪体药物蓄积中毒。如长时间使用链霉素或庆大霉素可在体内造成蓄积，引起中毒。有的药物在预防疾病的同时，也会产生一定的毒副作用。如长期大剂量使用喹诺酮类药物会引起猪的肝肾功能异常。大部分化药和抗生素均有休药期和残留标准，尤其对育成猪，临出栏前一定时期内应严格控制用药。在部分商品猪出栏前，如果需要用药，应选择休药期短的替代品。

4. 考虑猪群的差异

幼龄猪、老龄猪及母猪对药物的敏感性比成年猪和公猪要高，所以，药物预防时使用的药物剂量应当小一些。妊娠母猪，用药不当易引起流产。同群中不同个体，对同一种药物的敏感性也存在差异，用药时应加以注意。体重大的、体质强壮的猪比体重小的、体质虚弱的猪对药物的耐受性要强。因此，对体重小的与体质虚弱的猪，应适当地减少药物用量。

5. 正确配伍、协同用药

当两种或两种以上的药物配合使用时，如果配合不当，则会发生理化性质的改变，使药物产生沉淀、分解、结块或变色，出现药效减弱或药物毒性增加，造成不良后果。如磺胺类药物与抗生素混合产生中和作用，药效降低。维生素 B_1、维生素 C 属酸性，遇碱性药物即可分解失效。在进行药物预防时，一定要注意避免药物配伍禁忌。

6. 选择正确的用药方法

不同的给药方法，能够影响药物的吸收速度、利用率、药效出现时间及维持时间，甚至还可引起药物性质的改变。药物预防常用的给药方法有饲料给药、饮水给药及气雾给药等，猪场在生产实践中可根据具体情况，正确选择给药方法。

三、猪病药物预防程序

猪病药物预防是指利用药物控制猪的慢性消耗性疾病和急性细菌性传染病的发生。慢性消耗性疾病在猪的不同生长阶段和季节都可发生，且潜伏时间长，是主要由寄生虫和病原微生物引起，导致猪的生长速度和免疫功能下降的一种原发性疾病，如猪弓形虫病、猪支原体肺炎等。急性细菌性传染病潜伏期短，具有突发性，发病具有明显的季节性和年龄段，此类病主要包含胸膜肺炎放线杆菌感染、支气管败血波氏杆菌感染、仔猪副伤寒、水肿病、多杀性巴氏杆菌感染、链球菌感染等。

药物预防应依据猪场实际情况，选择适宜的药物定期进行疫病预防和驱虫。在添加预防药物时，应定期更换药物，切不可长期使用，以免造成抗药菌株的形成。不同阶段猪病药物预防可参考以下程序进行。

1. 妊娠母猪

每吨饲料中添加磷酸泰乐菌素 100 克，每月连用 1 周，预防梭菌性、坏死性、增生性肠炎。母猪产前驱虫，可切断母猪和仔猪间的寄生虫传播环节，这对整个猪场寄生虫的成功控制极为关键，一般在产前 2 周进行驱虫，每吨饲料按预混剂 500 克的比例拌料，自由采食，连用 5 ~ 7 天。在一般情况下，可以在母猪饲料中同时使用安全性能较高的驱虫药物和抗生素进行驱虫和疾病预防。

2. 哺乳母猪

1）每吨饲料中添加替米考星 100 克，或磷酸泰乐菌素 200 克、盐酸林可霉素 200 克、延胡索酸泰妙菌素 100 克，哺乳期连用，可预防支原体、衣原体的传播。

2）每吨饲料中添加硫酸安普霉素 100 克，或硫酸大观霉素 44 克、

硫酸新霉素200克、硫酸卡那霉素200克、硫酸黏菌素100克，哺乳期连用，可预防大肠杆菌的传播。

3）每吨饲料中添加阿莫西林150克，或磺胺对甲氧苄啶100克、磺胺二甲嘧啶110克、磺胺间甲氧苄啶100克、氨苄西林200克、氟苯尼考100克，产前一周连用，可预防链球菌、葡萄球菌、副猪嗜血杆菌的传播。用药时间不得超过1周，磺胺类药物最好在每年4～9月应用，氟苯尼考在秋冬及春季应用。

3. 初生仔猪

仔猪出生后，吃初乳之前，每头内服庆大霉素6万单位，8日龄时再内服8万单位。1日龄、7日龄、21日龄时，分别肌内注射长效土霉素0.5毫升；或分别肌内注射头孢类药物速解灵（第三代头孢菌素）0.2毫升、0.2毫升、0.4毫升。仔猪3日龄时补铁、补硒，每头肌内注射牲血素1毫升及0.1%亚硒酸钠－维生素E注射液0.5毫升；或者肌内注射铁制剂1～2毫升，可防治缺铁性贫血、缺硒及预防腹泻的发生。

4. 断奶仔猪

仔猪断奶当日开始饮用电解质多维或内服补液盐，连续3天。

1）饮水给药。使用10%乳酸环丙沙星可溶性粉（每升水中加药10克）或10%阿莫西林可溶性粉（每升水中加药10克），连续饮水7天，两药交替使用。

2）拌料给药。10%氟苯尼考100克加多西环素120克，拌入1吨料中饲喂10天；或支原净100克加多西环素120克，拌入1吨料中饲喂10天。

3）仔猪断奶前后各7天，于1吨饲料中添加喘速治（泰乐菌素、多西环素、微囊包被的干扰素）500克，加黄芪多糖粉500克，板蓝根粉500克；或于1吨饲料中添加80%支原净120克，多西环素150克，阿莫西林200克，黄芪多糖粉500克，板蓝根粉500克，连续饲喂14天。可有效预防仔猪断奶后由应激而诱发的多种疫病，保障断奶仔猪在保育舍内健康生长。

4）仔猪在42～56日龄时进行第一次驱虫效果比较好，由于疥螨从虫卵到幼虫的发育时间约为12天，用药后可将成虫、幼虫和若虫、虫卵杀死，早期驱虫可以明显地提高仔猪的生长速度和饲料报酬。对断奶仔猪使用复方驱虫药还能防止猪群发生由毛首线虫、小袋纤毛虫等寄生虫引起的仔猪慢性腹泻。

5. 育肥猪

一般育肥阶段的猪发病较少，一旦发病则会造成很大的经济损失，如猪肺疫、传染性胸膜肺炎、支气管败血波氏杆菌病、沙门氏菌病、附红细胞体病、弓形虫病等。如果育肥前期猪群免疫可靠，保育与育肥阶段药物预防做得好，环境控制好，则育肥猪很少发病，基本上能健康生长直至出栏。

1）每吨饲料中添加喘速治 600 克、细菌素 120 克、板蓝根粉 600 克，连续饲喂 12 天；或每吨饲料中添加利高霉素 800 克、阿莫西林 200 克、溶菌酶 120 克、黄芪多糖粉 600 克，连续饲喂 12 天；或每吨饲料中添加磷酸泰乐菌素 100 克，每月使用 1 周，可预防梭菌性、坏死性、增生性肠炎。

2）猪群在秋、春和夏季比较容易发生疥螨病，应提前加以预防，生长育成猪也应该驱虫，可在 4 月龄时驱虫一次。

6. 种公猪及后备母猪

1）每吨饲料中添加喘速治 600 克、硫酸大观霉素 44 克、盐酸林可霉素 200 克，连续饲喂 10 天，预防病毒性、细菌性疾病。

2）种公猪每年在 2、6、10 月分别使用广谱驱虫剂进行 3 次驱虫。引进的种猪，引入后 20 天内每天在饲料中拌喂抗生素 2 次，也可注射广谱抗生素 1 个疗程，40 天后驱虫 1 次。后备猪转入生产区前应进行驱虫。

四、猪病治疗常用药物

临床治疗猪病的药物有很多种，根据猪病的性质可选用最佳药物进行治疗，常用药物的名称、用途和用法用量详见表 1-3 和表 1-4。

表 1-3　治疗猪病常用药物

药物名称	用　途	用法用量
青霉素 G 钾（钠）、氨苄西林钠	猪炭疽、破伤风、猪丹毒、猪肺疫、猪梭菌性肠炎、猪链球菌病、坏死杆菌病等	肌内注射按 1 万～1.5 万单位/千克体重，每天 2～3 次
硫酸链霉素，硫酸双氢链霉素	仔猪黄痢、仔猪白痢、猪肺疫、仔猪副伤寒、布氏杆菌病、猪传染性萎缩性鼻炎等	肌内注射按 10 毫克/千克体重，每天 2 次；仔猪每天 0.5～1 克，分 2 次内服

（续）

药物名称	用　　途	用法用量
硫酸庆大霉素	多种细菌感染引起的下痢、血痢	肌内注射按 1000 ~ 1500 单位/千克体重，每天 3 ~ 4 次；1 万 ~ 1.5 万单位/千克体重，每天分 2 ~ 3 次内服
硫酸卡那霉素	猪肺疫、猪支原体肺炎（猪喘气病）、猪萎缩性鼻炎	肌内注射按 1 万 ~ 2 万单位/千克体重，每天 2 次；6 ~ 12 毫克/千克体重，每天分 2 次内服
克霉唑、灰黄霉素	猪深部真菌感染、尿道感染及败血症	内服按 20 ~ 60 毫克/千克体重，每天 3 次
泰妙灵，支原净	猪支原体、螺旋体、革兰阳性菌的感染	每吨饲料 40 ~ 100 克拌料；0.008% 饮水，连饮 10 天
硫酸新霉素	仔猪白痢、猪水肿病	内服按 15 ~ 25 毫克/千克体重，每天 2 ~ 4 次分服
盐酸四环素、盐酸金霉素、盐酸土霉素	仔猪黄、白痢，猪梭菌性肠炎（仔猪红痢），仔猪副伤寒，猪丹毒，猪肺疫，猪支原体肺炎，猪痢疾，炭疽，猪萎缩性鼻炎	内服按 30 ~ 50 毫克/千克体重，每天 2 ~ 3 次分服
大观霉素	猪支原体，革兰阴、阳性菌的感染	肌内注射按 20 ~ 25 毫克/千克体重，每天 1 次
北里霉素	猪支原体、弧菌性痢疾、螺旋体	肌内注射按 2 ~ 5 毫克/千克体重，每吨饲料 44 ~ 330 克拌料
先锋霉素	猪丹毒、猪肺疫、猪链球菌病、肺炎、肠炎	肌内注射按 10 ~ 20 毫克/千克体重，每天 1 ~ 2 次
红霉素	猪丹毒、猪肺疫、炭疽、肺炎	肌内注射按 2 ~ 6 毫克/千克体重，每天 2 次；4 ~ 8 毫克/千克体重，每天内服 3 ~ 4 次
林可霉素	链球菌、葡萄球菌、厌氧菌	内服按 10 ~ 15 毫克/千克体重，肌内注射 10 毫克/千克体重

（续）

药物名称	用　途	用法用量
泰乐菌素	猪支原体肺炎、猪萎缩性鼻炎	按2～10毫克/千克体重，每天肌内注射1次；每升水加0.2克饮服
杆菌肽	猪肺疫、仔猪下痢、肠炎	仔猪每日内服按5万～10万单位；每吨饲料210万～420万单位拌料
制霉菌素	多数真菌的感染	内服每次按50万～100万单位，每天3次
土霉素，多西环素（强力霉素），金霉素	主要对衣原体、附红细胞体和部分革兰阴性与阳性菌；肺炎、肠炎	肌内注射：按1～3毫克/千克体重，每天1次；内服：按2～5毫克/千克体重，每天1次；预防：每吨饲料150克拌料；治疗：每吨饲料250～300克拌料；饮水减半
磺胺嘧啶，磺胺二甲嘧啶，磺胺脒	猪丹毒，猪肺疫，仔猪副伤寒，仔猪黄、白痢，炭疽，猪萎缩性鼻炎，肠炎	肌内注射或内服首次量按140～200毫克/千克体重；维持量按70～100毫克/千克体重，间隔12小时用药1次
复方新诺明，复方嘧啶，增效磺胺-6-甲氧嘧啶	大肠杆菌病、仔猪副伤寒、猪梭菌性肠炎、炭疽、肺炎、肠炎	内服按20～25毫克/千克体重，间隔12～24小时
增效磺胺嘧啶钠注射液，增效磺胺-5-甲氧嘧啶钠注射液，磺胺多辛（周效磺胺）注射液	同上	肌内注射按20～25毫克/千克体重，间隔12～24小时
复方敌菌净	仔猪下痢	内服按20～25毫克/千克体重，每天2次
三甲氧苄啶（三甲氧苄啶），二甲氧苄啶（二甲氧苄啶）	抗菌增效、肠炎、下痢	内服按10毫克/千克体重，间隔12小时

（续）

药物名称	用　途	用法用量
磺胺异噁唑，磺胺甲基异噁唑	同上	用量同上，间隔8～12小时
磺胺二甲氧嘧啶，磺胺-5-甲氧嘧啶，磺胺-6-甲氧嘧啶，磺胺多辛	猪传染性萎缩性鼻炎、弓形虫病、仔猪副伤寒、仔猪黄白痢、肺炎、仔猪副伤寒、大肠杆菌病等	内服首次量按50～100毫克/千克体重；维持量按25～50毫克/千克体重，每天1次
氧氟沙星，盐酸环丙沙星，恩诺沙星	抗菌谱广，对革兰阴性菌和阳性菌、支原体、衣原体、军团菌及分枝杆菌都有明显的抑制作用，特别是对包括绿脓杆菌在内的革兰阴性菌的抗菌作用比庆大霉素等氨基糖苷类抗生素还强，用于治疗肠道感染、呼吸道感染、尿路感染、创伤感染	肌内注射或内服按5毫克/千克体重，每天1～2次；每吨饲料150克拌料
依诺沙星		内服按2.5毫克/千克体重，每天2次
洛美沙星		内服按2～4毫克/千克体重，每天2次
乳酸诺氟沙星		仔猪肌内注射按10毫克/千克体重，每天2～3次；每吨饲料50克拌料
乳酸环丙沙星	对革兰阴性菌、多种革兰阳性菌等均有杀灭作用，用于呼吸系统、泌尿系统及全身性感染	按5～8毫克/千克体重，每天肌内注射2次；每吨饲料150克拌料
诺氟沙星	用于治疗肠道感染、呼吸道感染、尿路感染、创伤感染	内服：按10～20毫克/千克体重，每天2次；肌内注射：按5毫克/千克体重，每天2次；每吨饲料300～500克拌料
达诺沙星	猪支原体肺炎、猪胸膜肺炎放线杆菌病、仔猪副伤寒等	肌内或皮下注射按1.25毫克/千克体重，每天1～2次

（续）

药物名称	用　途	用法用量
氟苯尼考	动物专用的广谱抗生素，主要用于呼吸道、生殖道细菌性感染	按20～30毫克/千克体重，内服每天2次，肌内注射2天1次；预防：每吨饲料30克拌料；治疗：每吨饲料40～60克拌料，饮水减半

表1-4　常用驱虫药物

药　名	用　途	用法用量
左旋咪唑	广谱低毒驱虫药，常用于驱除胃肠道线虫	粉剂（片剂），内服，一次量，按5～10毫克/千克体重；注射液每支5毫升（含药量250毫克）、10毫升（含药量500毫克），肌内或皮下注射，一次量，按7～8毫克/千克体重
伊维菌素	主要用于猪疥癣，对胃肠道线虫也有效	注射液每瓶5毫升（含药50毫克），按0.3毫克/千克体重，皮下注射，一般用1次即可。注射后药效可在体内维持20多天。猪屠宰前28天停用
丙硫苯咪唑（阿苯达唑）	广谱驱虫药，用于驱除肠道线虫、肺线虫、绦虫、吸虫、结节虫、棘头虫等	片剂（或粉剂），每片含药100毫克或200毫克，内服量为5～20毫克/千克体重（驱猪棘头虫，按80毫克/千克体重；驱猪囊尾蚴，按20毫克/千克体重），每天1次，间隔2天，连用3次
硫氯酚（别丁）	驱除吸虫、绦虫、猪姜片吸虫	粉剂内服量为80～100毫克/千克体重，拌料
吡喹酮	治疗人畜血吸虫病的最佳药物，并对多种绦虫及未成熟虫体有效。用于治疗猪囊尾蚴、脑包虫和绦虫、猪姜片虫等	治绦虫病，内服，一次量，按10～35毫克/千克体重；驱猪细颈囊尾蚴，肌内注射量为75毫克/千克体重，每天1次，连注3天
贝尼尔（三氮脒、血虫净）	治疗锥虫、焦虫、附红细胞体	注射按4～6毫克/千克体重，临用时用灭菌蒸馏水稀释成5%～10%溶液，深部肌内注射，隔日重复用药1次

（续）

药　　名	用　　途	用法用量
氯胍	治疗球虫病的有效药物	一次量，按 10～25 毫克/千克体重，拌在饲料中喂服
噻苯达唑	对鞭虫、食道口线虫、类圆线虫有较好的驱虫效果	片剂，每片含药 0.25 克，按 50 毫克/千克体重，拌在饲料中喂服
噻嘧啶（抗虫灵）	新型低毒、广谱驱虫药，对蛔虫、食道口线虫有良好的驱除作用	按 22 毫克/千克体重，一次内服。本品不宜用于极度虚弱动物，并不宜与具有抑制胆碱酯酶作用的物质，如与有机磷化合物一起应用，防止毒性增加
氰乙酰肼	用于防治猪肺线虫病	按 17.5 毫克/千克体重，拌入饲料中喂服；按 15 毫克/千克体重，配成 10% 液，皮下或肌内注射。猪极量为 1 克
甲苯达唑	高效、低毒、广谱驱虫药，有驱线虫作用，并有驱绦虫作用	按 20 毫克/千克体重，灌服或混入饲料中喂服

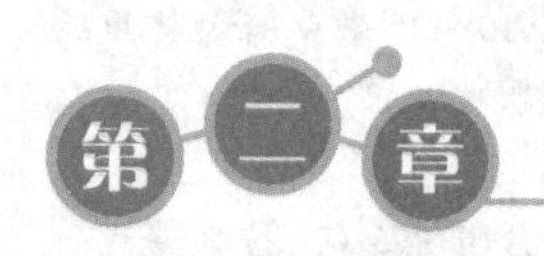

猪病毒性疾病

第一节 猪瘟

猪瘟是由猪瘟病毒引起的猪的一种急性、热性、接触性、高致死性传染病，其特征为发病率和死亡率均高，急性呈败血症变化，实质器官出血、坏死和梗死，慢性呈纤维素性肠炎。

一、快速诊断及类症鉴别

1. 临床诊断

（1）发病特点 自然条件下仅猪感染，各种猪均易感，发病无季节性，冬、春季多发。主要由消化道感染，皮肤伤口、口腔黏膜和呼吸道黏膜也可感染，免疫猪群也常发病。新生仔猪和断奶前后的仔猪多发，流行范围广，往往散发流行。

（2）临床症状

1）典型猪瘟。病猪体温升高、稽留热型，皮肤、黏膜发绀和出血，按压时不褪色，呈急性败血症经过。病程稍长的猪表现弓背、寒战、厌食，初便秘后腹泻，粪便恶臭附有黏液或血液，多在1周左右死亡。不死的猪转为慢性，体温时高时低，食欲时好时坏，病程20天以上，多数转归死亡，病变明显。

2）非典型猪瘟。又称温和型猪瘟，发病时症状不典型，体温不高或低热，多以持续性腹泻为特征，精神委顿、背毛粗乱、迅速脱水、消瘦，病程长，死亡率低，病变不明显。

仔猪非典型性猪瘟

3）神经型猪瘟。多发于2～15日龄仔猪，出现神经症状，如肌肉震颤、磨牙、转圈、倒地痉挛等症状，角弓反张，最后抽搐死亡。

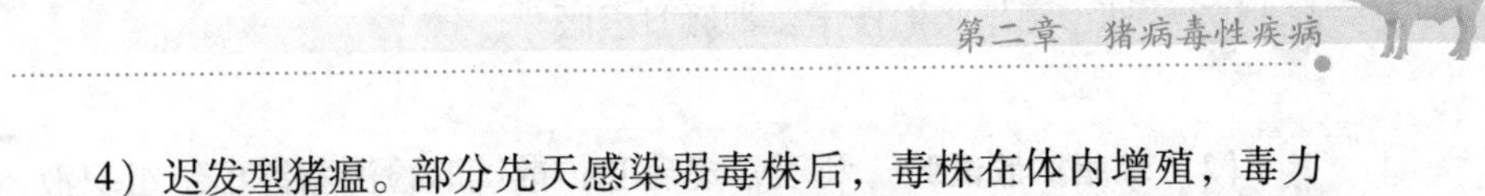

4）迟发型猪瘟。部分先天感染弱毒株后，毒株在体内增殖，毒力逐渐增强，表现为迟发型猪瘟，一般体温正常，几个月后出现精神沉郁、厌食，病情加重时腹泻，后肢麻痹死亡。存活者往往成为亚临床感染的带毒者，从而形成恶性循环。

5）繁殖障碍型猪瘟。母猪在配种期、妊娠期注苗，或母猪带毒导致繁殖障碍，妊娠母猪早产（5～7天）、晚产（2～8天）、流产、产死胎，产出的仔猪或同窝貌似正常的哺乳仔猪15～20日龄死亡。母猪自身不发病，食欲和精神状况正常。免疫母猪的免疫反应低下，当强毒攻击时，仍可引起亚临床感染，导致母猪繁殖障碍。

2. 病理学诊断

耳、四肢、胸、腹等处皮肤上常见紫红色斑点，脏器表面有不同程度的出血点、出血斑，特别是肾脏、膀胱黏膜上的出血点（彩图2-1），是猪瘟的特征性病变，喉头和会厌软骨有不同程度的出血（彩图2-2）。全身淋巴结尤其颌下、肠系膜淋巴结肿大，呈暗红色（彩图2-3），周边出血，淋巴结外观呈红色、体积肿大，切面多汁。由于淋巴组织坏死和网状细胞增生而呈现灰黄色或灰白色，切面实质呈红白相间的大理石样外观。

脾脏稍肿大，边缘的被膜下出现绿豆大小呈暗紫色的出血性梗死。梗死灶凸于脾被膜表面（彩图2-4），质地稍坚硬，切面呈暗红色，致密而干燥。肾脏稍肿大，被膜易剥离，呈土黄色，表面及切面皮质有点状出血（彩图2-5），当出血点特别多时，肾表面则形成麻雀蛋样外观。胃肠道出血坏死，尤其盲肠、结肠及回盲瓣处黏膜上，发生大小不等的特征性纽扣状溃疡（彩图2-6）。

猪瘟

3. 免疫学诊断

（1）猪瘟病毒快速检测　选用猪瘟病毒快速检测试纸条或检测卡，检测猪血清或组织匀浆悬液中的病毒，可在5～20分钟内获得检测结果。此法简便易行，结果直观。具体操作如下。

1）加样。在检测卡的加样孔内加入2滴（100微升）待检血清稀释样品或组织匀浆悬液。用试纸条检测时，将试纸样品端插入上述样品。

2）结果判定。5～20分钟内观察结果。在检测卡或试纸条上出现2条紫红色线判为阳性；仅出现1条紫红色线判为阴性。无紫红色线出现时，判为无效检测，说明检测卡或试纸条失效，详见彩图2-7和彩图2-8。

（2）琼脂扩散试验 利用常规琼脂扩散试验检测猪淋巴结组织液，凡能与猪瘟标准阳性血清发生反应，产生明显沉淀线即可确诊。

4. 分子生物学诊断

利用反转录聚合酶链反应（RT-PCR）检测猪瘟病毒，具体操作见表2-1。

表2-1 反转录聚合酶链反应检测猪瘟病毒

操作步骤	详细操作	注意事项
1. 引物设计及合成	上游引物 CSFVP1：5-CAGGTATGCGATCTCGTCAACCA-3；下游引物 CSFVP2：5-GGGCACAGCCCAAATCCGAAGT-3，预期扩增片段大小为 267bp。合成引物用 DEPC ddH_2O 稀释至20微摩尔/升，于－20℃保存	1. 根据基因文库中猪瘟病毒E2基因序列，设计合成引物 2. 扩增引物不宜反复冻融 3. 操作时谨防RNA酶污染 4. 及时提取病料的总RNA，以防组织自溶、腐败而裂解病毒RNA
2. 总RNA的提取	取病料100毫克，置于研磨器中，加入液氮后研磨成粉状，将粉末转移到1.5毫升离心管中。利用RNA提取试剂盒制备总RNA，具体操作方法按试剂盒说明书进行，总RNA溶于DEPC ddH_2O	
3. RT-PCR扩增	反应体系25微升：10×Buffer 2.5微升、dNTPs 2微升（2.5微摩尔/升）、上下游引物（20微摩尔/升）各1微升、$MgCl_2$ 2微升（25微摩尔/升）、RNA模板5微升、DEPC ddH_2O 9.5微升。上述试剂混匀后于70℃置5分钟，冰浴后加RT-PCR酶混合物2微升。反应程序：60℃ 30分钟；94℃ 2分钟；94℃ 30秒，55℃ 30秒，72℃ 1分钟，30个循环；72℃ 5分钟	
4. 凝胶电泳	取5微升扩增产物于1.2%琼脂糖凝胶（含0.5微克/毫升溴化乙啶），配胶及电泳缓冲液均为1×TAE（40毫摩尔/升 Tris-乙酸，1毫摩尔/升 EDTA，pH 8.0），120伏电压电泳30～60分钟	

（续）

操作步骤	详细操作	注意事项
5. 结果判定	在紫外灯下观察 PCR 产物在凝胶中的位置，以 100bp 和 1kb DNA Ladder 为参照物，出现 DNA 条带的判定为阳性，未出现 DNA 条带的判定为阴性	同上

5. 类症鉴别

（1）与猪肺疫的鉴别　两者均表现出体温升高，精神沉郁，皮肤有出血斑点。不同点是：猪肺疫多呈散发，发病率和死亡率比猪瘟低，一般不引起大流行；表现为呼吸困难，咳嗽，咽喉部呈急性、热性硬肿，俗称肿脖瘟；肺呈出血性、纤维素性或坏死性肺炎，肉眼可见肝变，大肠无可见病理变化，抗生素治疗有一定效果。

（2）与仔猪副伤寒的鉴别　两者均表现出体温升高，精神沉郁，腹泻，皮肤有紫红斑点。不同点是：仔猪副伤寒多发生于阴雨连绵季节和6月龄以下小猪，一般呈散发，急性的先便秘，后下痢，有时粪便带血，胸、腹部皮下呈蓝紫色；慢性的呈顽固性下痢；脾脏肿大呈紫色，无出血性梗死灶；大肠黏膜增厚，表面粗糙，不形成纽扣状溃疡；小肠有一层糠麸样坏死伪膜，易于剥落；使用抗生素和磺胺类药物治疗有一定的效果。

二、防治技术措施

1. 健康猪群防控措施

（1）免疫预防

猪瘟兔化弱毒苗：大小猪均肌内注射1头份，仔猪含有母源抗体时，酌情加大2～3倍剂量。免疫期为1年，可接种任何日龄的猪。

（2）免疫程序　种猪每年免疫2～3次。仔猪30日龄、65～70日龄各免疫1次，免疫剂量2～3倍，可维持到出栏。

2. 发病猪群防控、治疗措施

（1）防控措施　一旦发生猪瘟，立即隔离病猪、封锁发病猪场。用2%氢氧化钠溶液对圈舍、饲养用具进行消毒。粪尿及被污染的垫草堆积发酵后作为肥料。对受威胁的猪群大剂量紧急预防接种，个别猪只在接种疫苗后会发生死亡，但能缩短流行过程。无害化处理病死猪和扑杀病猪。疫区应禁止生猪的集市买卖、外运和屠宰，禁止猪产品的买卖和外运。

（2）治疗方法 原则上不对病猪进行治疗，最佳方法是扑杀病猪并销毁。在发生非典型猪瘟时，对贵重种猪可采用以下方法治疗。

1）弱毒苗治疗。肌内注射稀释后的弱毒苗（含治疗量青链霉素），50 千克以下的猪肌内注射 30 头份，50 千克以上的猪肌内注射 50 头份。患病 4 ~ 5 天的一次治愈率达 90% 以上，患病 6 ~ 10 天的隔日注射 1 次，治愈率达 80%，1 周后康复。大剂量弱毒苗治疗的机制在于刺激机体产生干扰素，抑制病毒在细胞内复制。一般产生干扰素的时间为 3 ~ 5 天，7 天后产生特异性抗体。

2）高免血清治疗。病猪每头肌内注射 10 毫升，每天 1 次，连用 3 天。同时对症治疗，对慢性非典型猪瘟治愈率为 83% 以上，对典型的病例效果不明显。

第二节 猪口蹄疫

猪口蹄疫是由口蹄疫病毒引起的猪的一种急性、热性、高度接触性传染病。其特征为口腔黏膜、蹄部、乳房皮肤出现水疱，继而发生溃疡。

一、快速诊断及类症鉴别

1. 临床诊断

（1）发病特点 本病发生无季节性，由于气温、光照对病毒的影响较大，常表现为秋季开始、冬季加剧、春季减轻、夏季平息。病猪由水疱液、排泄分泌物、呼出的气体等途径向外散发病毒。此病传染性强、发病率高，1 克水疱液大约可使 100 万头牛或 10 万头猪发病。潜伏期1 ~ 4 天，人工感染时潜伏期更短、传播快、流行广、发病率高达 100%。易感动物多，其中猪、牛、羊易感性最高。

（2）临床症状 病猪精神不振，体温升高，厌食，流涎。以蹄部水疱为主要特征。蹄冠、蹄叉、蹄踵发红，不久形成水疱，水疱破溃，露出边缘整齐、呈暗红色糜烂面，严重时蹄壳脱落，蹄痛跛行。鼻镜、唇边、舌、口腔、乳房也有水疱。

哺乳仔猪发病时水疱症状不明显，主要表现为急性胃肠炎和心肌炎，卧地不能吃乳，采食时突然死亡，断奶仔猪常因心肌炎而死。1 月龄内的仔猪死亡率为60%～80%。成年猪很少死亡，蹄痛时不能站立，跪地爬行，妊娠母猪流产，如无细菌继发感染，经1～2周病变损伤处结痂愈合。若蹄部严重病损，则需3周以上才能愈合。

2. 病理学诊断

（1）皮肤黏膜型　主要在黏膜及毛少皮肤处出现水疱。初期水疱半透明，浅黄色，而后上皮细胞变性、崩解、白细胞渗出而变成混浊的灰白色。水疱发生糜烂后，大量水疱液向外排出，轻者可修复，局部上皮细胞再生或结缔组织增生形成疤痕。如严重或继发感染，病变可向深层发展，形成溃疡。

（2）肌型　主要损伤心肌和骨骼肌，如心肌变性、局灶性坏死。坏死的心肌呈条纹状灰黄色，质软而脆，与正常心肌形成红黄相间的纹理，似老虎身上的斑纹，俗称“虎斑心”；心肌松软似煮熟状，镜下见心肌纤维肿大，有的出现变性、坏死、断裂，进而溶解、钙化；间质充血、水肿，淋巴细胞增生或浸润，导致以坏死为主的急性坏死灶性心肌炎。骨骼肌病变与心肌相似。

3. 分子生物学诊断

利用反转录聚合酶链反应（RT-PCR）检测猪口蹄疫病毒，具体操作详见表2-2。

表2-2　反转录聚合酶链反应检测猪口蹄疫病毒

操作步骤	详细操作	注意事项
1. 引物设计及合成	上游引物（P1）：5-TACTACTTCTC-TGACTTGGA-3，下游引物（P2）：5-GAAGGGCCCAAGGTTGGACTC-3，扩增片段为480bp。合成引物用DEPC ddH_2O 稀释至20微摩尔/升，于-20℃保存	1. 根据基因文库中口蹄疫病毒VP1基因序列，通过引物设计软件分析设计引物 2. 扩增引物不宜反复冻融 3. 操作时谨防RNA酶污染 4. 及时提取病料的总RNA，以防组织自溶、腐败而裂解病毒RNA
2. 总RNA的提取	取病料100毫克，置于研磨器中，加入液氮后研磨成粉状，将粉末转移到1.5毫升离心管中。利用RNA提取试剂盒制备总RNA，将总RNA溶于DEPC ddH_2O	

（续）

操作步骤	详细操作	注意事项
3. RT-PCR扩增	反应体系50微升：20×Buffer 2.5微升、dNTPs 4微升（2.5微摩尔/升）、上下游引物各2微升、$MgCl_2$ 4微升（25微摩尔/升）、RNA模板10微升、DEPC ddH_2O 23.5微升。上述试剂混匀后于70℃置5分钟，冰浴后加RT-PCR酶混合物2微升。反应程序：42℃ 90分钟；93℃ 2分钟、55℃ 1.5分钟、72℃ 2分钟，1个循环；92.5℃ 1分钟、55℃ 1分钟、72℃ 1.5分钟，29个循环；72℃ 10分钟	1. 根据基因文库中口蹄疫病毒VP1基因序列，通过引物设计软件分析设计引物 2. 扩增引物不宜反复冻融 3. 操作时谨防RNA酶污染 4. 及时提取病料的总RNA，以防组织自溶、腐败而裂解病毒RNA
4. 凝胶电泳	取5微升扩增产物于1.2%琼脂糖凝胶（含0.5微克/毫升溴化乙啶），配胶及电泳缓冲液均为1×TAE（40毫摩尔/升 Tris-乙酸，1毫摩尔/升 EDTA，pH 8.0），120伏电压电泳30~60分钟	
5. 结果判定	在紫外灯下观察PCR产物在凝胶中的位置，以100bp和1kb DNA Ladder为参照物，出现DNA条带的判定为阳性，未出现DNA条带的判定为阴性	

4. 类症鉴别（表2-3）

表2-3　猪水疱病、猪口蹄疫、猪水疱性疹、猪水疱性口炎的鉴别

试验项目	猪水疱病病毒	猪口蹄疫病毒	猪水疱性疹病毒	猪水疱性口炎病毒
pH 5 酸处理	稳定	不稳定	稳定	稳定
pH 3 酸处理	稳定	不稳定	不稳定	不稳定
BHK-21 细胞培养	-	+	?	+
HeLa 细胞培养	+	-	-	+
猪肾细胞培养	+	+	+	+

（续）

试验项目	猪水疱病病毒	猪口蹄疫病毒	猪水疱性疹病毒	猪水疱性口炎病毒
猪舌皮内感染	+	+	+	+
豚鼠跖部皮内感染	－	+	－	+
乳兔感染	－	+	－	+
成年兔舌内感染	－	?	－	+
2 日龄乳鼠感染	+	+	－	+
7～9 日龄乳鼠感染	－	+	－	+
成年鼠感染	－	－	－	+
成年鸡舌内感染	－	+	－	+

注：“+”表示感染或发病死亡，“－”表示不感染或不发病，“?”表示未知。

二、防治技术措施

1. 健康猪群防控措施

（1）免疫预防

1）O 型灭活疫苗。此苗仅能预防猪 O 型口蹄疫，对其他血清型病毒无效。猪 O 型灭活疫苗分 BEI 灭活苗（普通苗）和灭活苗-Ⅱ（高效苗）。

2）A 型灭活疫苗。仅能预防猪的 A 型口蹄疫。

3）合成肽疫苗。该苗是将人工合成的保护性多肽连接在载体蛋白上，加入适当的佐剂制成的疫苗。试验表明合成肽疫苗能使猪产生良好的免疫应答，抵抗口蹄疫病毒的感染。

（2）免疫程序　猪口蹄疫免疫程序详见表 2-4。

2. 发病猪群防控、治疗措施

（1）防控措施

1）发生口蹄疫时，立即封锁、隔离、消毒并上报疫情。

2）立即用血清型相同的疫苗，或高免血清对疫点及其周围的猪群进行紧急接种，建立免疫带。

3）对污染场地、用具，可用 2% 氢氧化钠溶液、30% 热草木灰水、2% 甲醛溶液或强力消毒灵彻底消毒。在最后一头病猪痊愈、死亡或急宰 2 周后，全面进行大消毒，才能解除封锁。病愈猪在 3 个月后，方能出封锁区。

表 2-4 猪口蹄疫免疫程序

猪的类型	免疫方法	注意事项
1. 种公猪	每年接种 2 次，普通疫苗每次肌内注射 3 毫升或后海穴注射 1.5 毫升，高效疫苗每次肌内注射 2 毫升或后海穴注射 1 毫升	1. 注苗前检测抗体 2. 运苗时应将疫苗装于带有冰块的保温瓶中 3. 疫苗打开后尽快用完 4. 体弱、生病、体温不正常的猪不注苗
2. 生产母猪	分娩前 45 天肌内注射高效疫苗或合成肽疫苗 2 毫升，也可后海穴注射 1 毫升	
3. 育肥猪	30～40 日龄首免，肌内注射普通灭活苗 2 毫升或高效灭活疫苗 1 毫升，也可后海穴注射普通苗 1.5 毫升或高效疫苗 1 毫升或合成肽疫苗 1.5 毫升。60～70 日龄再免，肌内注射普通疫苗 3 毫升或高效疫苗 2 毫升或合成肽苗 1.5 毫升，也可后海穴注射普通疫苗 1.5 毫升或高效疫苗 1 毫升或合成肽苗 1.5 毫升；出栏前 30 天三免，方法同上	
4. 后备种猪	仔猪二免后，每隔 6 个月免疫 1 次，免疫方法同上	

（2）治疗方法 目前尚无特效疗法，必要时可用高免血清、病愈猪血清治疗，同时采用对症治疗。病猪的口、蹄部先用 1% 盐水、2% 硼酸水或 0.1% 高锰酸钾水洗干净，破溃面涂以 5% 碘甘油、青霉素或磺胺软膏，以防感染。乳房可用肥皂水或 2%～3% 硼酸水洗涤，然后涂以青霉素软膏，定期将奶挤出，以防发生乳腺炎。

第三节 伪狂犬病

伪狂犬病是由伪狂犬病毒（PRV）引起的猪的一种急性传染病，其特征为妊娠母猪流产、产死胎，妊娠 60～100 天的母猪多发；仔猪体温升高、呕吐、腹泻和明显的神经症状，死亡率高。

一、快速诊断及类症鉴别

1. 临床诊断

（1）发病特点 发病无季节性，但以冬、春季和产仔季节多发，尤其在分娩高峰的母猪舍首先发生，几乎每窝仔猪均发病，窝发病率高达

100%，分娩高峰期后，发病率降低。4～15 日龄仔猪发病率几乎 100%，死亡率 85%，随着日龄的增长，发病率和死亡率逐渐下降，成年猪多呈隐性感染。此病由消化道和呼吸道传播。

（2）临床症状　妊娠母猪表现为流产，产死胎、弱胎、木乃伊胎，分娩提前或延迟；仔猪体温升高、沉郁，口吐白沫、腹泻、肌肉震颤，后腿发紫、站立不稳、步态蹒跚，头颈歪向一侧作圆圈运动或后退，四肢麻痹，头向后仰，角弓反张，肌肉痉挛，四肢游泳状划动，死亡率为 50%～80%。断奶猪体温升高，咳嗽、打喷嚏、呼吸困难、拉黄色稀水粪便，耳尖发紫，犬坐，有神经症状。成年猪和哺乳母猪多为隐性感染，少数出现咳嗽，打喷嚏、呼吸困难，食欲减退，无继发感染者 6～7 天后恢复正常。

新生仔猪伪狂犬病

仔猪伪狂犬病

育肥猪伪狂犬病

2. 病理学诊断

鼻腔卡他性或化脓出血性炎症，扁桃体水肿并伴以咽炎和喉头水肿，勺状软骨和会厌皱襞呈浆液性浸润，并常有纤维素性坏死性伪膜覆盖。肺水肿，上呼吸道内有大量泡沫样液体，喉黏膜和浆膜可见点状或斑状出血。肠淋巴结和颌下淋巴结充血、肿大，间有出血。心包积液，心肌松软，心内膜有斑状出血。肾脏有白色粟粒大坏死灶，呈点状出血性炎症变化。胃底部可见大面积出血（彩图 2-9），小肠黏膜充血、水肿，黏膜形成皱褶并有稀薄黏液附着，大肠呈斑块出血。脑膜充血、水肿，脑实质有点状出血，脑脊髓液增多（彩图 2-10）。肝脏硬化，表面有大量针尖大小的灰白色坏死灶（彩图 2-11）。

3. 免疫学诊断

（1）gE 抗体 ELISA 检测　适用于 gE 基因缺失疫苗免疫猪群，判定猪群是否存在野毒感染。血清样品中含有常规用量的 EDTA、枸橼酸钠或肝素等抗凝剂不影响试验结果。具体操作参见试剂盒说明书。临界值（CO.）=0.15。样本 A 值（S）/CO. ≥1，判定为阳性；S/CO. <1，判定为阴性。阴性对照血清 A 值应小于 0.10，阳性对照血清 A 值应大于 0.70，

否则试验不成立，需重新测定。

提示

对于gE基因缺失疫苗免疫猪群，若gE抗体阳性，表明猪群感染了PRV野毒株；若gE抗体阴性，表明猪群未感染野毒株。

（2）病毒中和试验

1）病料处理。无菌采取病猪脾和脑组织匀浆，加灭菌生理盐水制成1∶10混悬液，离心后取上清液，与伪狂犬标准阳性血清1∶1混合，室温作用30分钟。

2）动物接种。实验动物分为实验组和对照组，取上述混合物2毫升接种实验组家兔的皮下，0.5毫升接种小鼠脑内，对照组动物接种未经阳性血清中和的病料。

3）结果判定。如病料中含伪狂犬病毒，对照组家兔经2～5天，小鼠2～10天发病死亡。死前表现体温高，呼吸急促，抽搐，转圈运动。接种部位奇痒，并有啃咬痕迹，角弓反张，四肢麻痹。实验组动物不发病即可确诊。

（3）gE抗原琼脂扩散试验 具体操作和结果判定按常规琼脂扩散试验方法进行。

提示

对于gE基因缺失疫苗免疫猪群，阳性和弱阳性结果均表明猪群已感染PRV野毒株，阴性结果表明未感染野毒株。

4. 分子生物学诊断

聚合酶链反应（PCR）检测伪狂犬病毒，选择伪狂犬病毒结构蛋白gp^{50}基因上的保守序列设计PCR引物，提取病料中的总DNA作为模板进行扩增。具体操作详见表2-5。

5. 类症鉴别

（1）与猪传染性脑脊髓炎的鉴别 两者均表现体温升高，有神经症状。不同点是：猪传染性脑脊髓炎病猪不发生流产，脑、脾组织悬液人工接种家兔不发生奇痒症状。

（2）与猪瘟的鉴别 两者均表现体温升高，有神经症状。不同点是：猪瘟对各种日龄的猪其发病率和死亡率均高，仔猪发病时还出现神经症状，病程稍长的死亡病猪，其内脏可看到典型的猪瘟病变。伪狂犬病仅引起哺乳仔猪和断奶后的小猪大批死亡，架子猪、成年猪常为隐性感染，如给家兔或猫接种病猪脑组织混悬液，则出现奇痒和啃咬注射部位的现象。

表 2-5　聚合酶链反应检测伪狂犬病毒

操作步骤	详细操作	注意事项
1. 引物设计及合成	上游引物（P1）5-CACGGAGGAG-GAGCTGGGCT-3，下游引物（P2）：5-GTCCACGCCCCGCTTGAAGCT-3，该引物可以特异扩增 gp^{50} 基因中 217bp 长度的片段。合成引物用 ddH_2O 稀释至 20 微摩尔/升，于 -20℃保存	1. 根据基因文库中 PRV gp^{50} 基因序列，通过引物设计软件分析设计引物 2. 扩增引物不宜反复冻融 3. 及时提取病料的总 DNA，以防组织自溶、腐败而裂解病毒 DNA
2. 总 DNA 的提取	取病料 100 毫克，置于研磨器中研碎，将研碎的粉末转移到 1.5 毫升离心管中。利用 DNA 提取试剂盒制备病料总 DNA，所提 DNA 用 ddH_2O 溶解	
3. PCR 扩增	PCR 体系 25 微升：exTaq12.5 微升、上下游引物各 1 微升、模板 DNA 2 微升、ddH_2O 8.5 微升，试剂混匀后于95℃，5 分钟。反应程序：94℃ 40 秒、65℃ 30 秒、72℃ 45 秒，30 个循环；72℃ 5 分钟	
4. 凝胶电泳	取 5 微升扩增产物于 1.2% 琼脂糖凝胶（含 0.5 微克/毫升溴化乙啶），配胶及电泳缓冲液均为 1×TAE（40 毫摩尔/升 Tris-乙酸，1 毫摩尔/升 EDTA，pH 8.0），120 伏电压电泳 30～60 分钟	
5. 结果判定	在紫外灯下观察 PCR 产物在凝胶中的位置，以 100bp 和 1kb DNA Ladder 为参照物，出现 DNA 条带的判定为阳性，未出现 DNA 条带的判定为阴性	

二、防治技术措施

1. 健康猪群防控措施

免疫预防有以下 2 种方法。

1）伪狂犬油乳剂灭活苗。种公猪及生产母猪每 6 个月免疫 1 次，母猪产前 30～45 天加强免疫 1 次。仔猪 25 日龄免疫 1 次，可维持到出栏。

留作后备种猪的仔猪3月龄时加强免疫1次，以后每6个月免疫1次。肌内注射成年猪5毫升，仔猪2毫升。污染猪场和非污染猪场均可应用。

2）伪狂犬弱毒苗。母猪产前30～45天注射免疫为宜，所生仔猪25日龄免疫1次。未免疫母猪所产仔猪，7日龄内注射本苗，断奶后再注射1次。母猪注射2毫升，仔猪注射0.5～1毫升。3月龄以上的猪注射2毫升。非污染猪场一般不用此苗。

2. 发病猪群防控、治疗措施

（1）防控措施

1）种猪场最好用基因缺失灭活苗，不用弱毒疫苗，以利于本病的检测和净化，同一猪场只使用一种基因缺失苗，以避免疫苗毒株间的重组。

2）严格引种。隔离、检疫引进的种猪，阳性猪立即淘汰。

3）猪群净化。淘汰带毒种公猪，逐步淘汰带毒母猪，净化猪场。

4）消除应激因素、注重灭鼠。猪圈和运动场用2%～3%氢氧化钠溶液或20%新鲜石灰水消毒；消除应激因素，防止反复发病；消灭老鼠，切断自然疫源的扩散。

（2）治疗方法 对4周龄以下的仔猪可注射高免疫血清，未感染仔猪注射高免疫血清后，保护率可达80%～90%，已感染仔猪保护率可达50%～70%，对已出现神经症状的仔猪则无保护能力。每次皮下或肌内注射10～20毫升，保护期10～14天，疫情严重的地区隔4～6天再注射1次。

第四节 猪繁殖与呼吸综合征

猪繁殖与呼吸综合征（PRRS）又称猪蓝耳病，是由猪繁殖与呼吸综合征病毒（PRRSV）引起的猪的一种高度接触性传染病，以母猪再次发情推迟、妊娠母猪晚期流产，产死胎、弱胎明显增加，断奶仔猪高死亡率、肥育猪呈现肺炎为特征。

一、快速诊断及类症鉴别

1. 临床诊断

（1）发病特点 新猪场往往呈暴发流行；而老猪场零星发生，在没有继发感染的情况下，可能不表现症状，但在有应激因素或与其他病混合感染时症状表现比较明显，症状消失后的阳性猪，可持续排毒8～10周。以持续感染、亚临床感染、免疫抑制和继发感染为特点，本病可水平传播也可垂直传播。

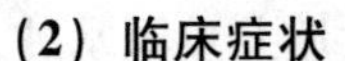

(2）临床症状

1）急性型。发病母猪精神沉郁、食欲减少或废绝、发热，呼吸困难，母猪妊娠后期（105～107 天）发生流产、早产，产死胎、木乃伊胎、弱仔，流产率达 50%～70%，死产率为 35% 以上，木乃伊胎率可达 25%，部分新生仔猪呼吸困难，运动失调及轻瘫，7 日龄内死亡率明显增高（40%～80%）。少数母猪产后无乳、胎衣停滞及阴道分泌物增多。

1 月龄仔猪呼吸困难，有时呈腹式呼吸，食欲减退或废绝，体温升高，腹泻。共济失调，渐进性消瘦，眼睑水肿。少部分仔猪可见耳部、体表皮肤发紫，断奶前仔猪死亡率可达 80%～100%，断奶后仔猪的增重降低，死亡率升高（10%～25%）。耐过猪易继发其他疾病。

育肥猪表现轻度的临诊症状，有不同程度的呼吸系统症状，少数病例表现咳嗽及双耳背面、边缘、腹部及尾部皮肤出现深紫色（彩图 2-12）。病猪易继发感染。种公猪的发病率较低，精液带毒。

2）慢性型。是目前规模化猪场 PRRS 表现的主要形式。猪群的生产性能下降，生长缓慢，母猪群的繁殖性能下降，易继发感染其他疾病。猪群的呼吸道疾病发病率上升。

3）亚临诊型：感染猪不发病，表现为 PRRSV 的持续性感染，猪群血清抗体阳性率一般在 10%～88%。

依据母猪流产，产死胎、木乃伊胎，新生仔猪大量死亡，育肥猪仅出现肺炎或不表现临床症状，加之患猪耳朵、四肢末端、尾部等处呈紫蓝色可初步诊断，对急性 PRRS 有三项指标可供参考：a. 流产或早产超过 8%；b. 死胎率超过 20%；c. 仔猪出生后第 1 周死亡率超过 25%，如两周内两项指标符合，即可怀疑为 PRRS。

仔猪患猪繁殖与呼吸综合征

猪繁殖与呼吸综合征

母猪患猪繁殖与呼吸综合征

2. 病理学诊断

(1）胎儿病变　典型特征为同一窝仔猪既有正常胎儿又有死胎。子宫中死亡胎儿呈棕色，或自溶，常带有一层黏稠的胎粪、血液和羊水。

脐带部分或全部出血，肾脏周围和肠系膜水肿。死亡胎儿皮下水肿，心包、腹腔有浅黄色积液。

（2）新生仔猪病变 肺呈红褐花斑状，不塌陷，表现明显的间质性肺炎；病变部位与健康部位界线不明显；病变最常出现在肺前、腹侧区域。子宫淋巴结、胸腔前上侧淋巴结和腹股沟淋巴结中度至重度肿大、呈褐色。仔猪皮下水肿，胸腔积水，心肌变软内膜出血，心耳出血、坏死，肝脏肿大且有灰白坏死灶，肾脏表面有针尖大小的出血点，胃出血水肿，肺炎性水肿、肉变。

（3）哺乳仔猪及育肥猪病变 哺乳仔猪肺呈现不同程度的红褐色花斑、不塌陷，呈胸腺样，表现为间质性肺炎。淋巴结中度至重度肿大、呈褐色。球结膜水肿，腹腔、胸腔和心包腔积液。育肥猪与哺乳仔猪病变相似，但病变程度较轻。见彩图2-13和彩图2-14。

3. 分子生物学诊断

利用反转录聚合酶链反应（RT-PCR）检测PRRSV，具体操作详见表2-6。

4. 类症鉴别

（1）与猪细小病毒病的鉴别 两者均表现不孕、流产，产死胎、木乃伊胎等症状。不同点是：猪细小病毒病多发于初产母猪，一般体温不高，食欲正常，不表现任何临床症状。而猪繁殖与呼吸综合征发病母猪体温升高，厌食，流产、早产、产后无乳。哺乳仔猪突然发热，呼吸加快，腹泻，拉胶冻样粪便，多继发感染死亡。育肥猪表现为肺炎。

（2）与伪狂犬病的鉴别 两者均表现不孕、流产，产死胎、木乃伊胎等症状。不同点是：患伪狂犬病的成年猪呈隐性感染，7日龄以内仔猪，则表现，高热，呼吸困难，呕吐，腹泻，抽搐，昏迷，四肢呈游泳状划动，口吐白沫，神经症状，衰竭死亡。而猪繁殖与呼吸综合征以哺乳仔猪突然发热、呼吸加快，断奶仔猪高死亡率，育肥猪出现典型肺炎为特征。

（3）与猪乙型脑炎的鉴别 两者均表现不孕、流产，产死胎、木乃伊胎等症状。不同点是：猪乙型脑炎发病有明显季节性，多发于7~9月蚊蝇滋生的季节，病猪表现乱冲、乱撞的神经症状，公猪睾丸肿胀，而猪繁殖与呼吸综合征则以哺乳仔猪突然发热、呼吸加快，断奶仔猪高死亡率，育肥猪出现典型肺炎，公猪不表现睾丸炎的特征。

表 2-6　反转录聚合酶链反应检测猪蓝耳病病毒

操作步骤	详细操作	注意事项
1. 引物设计及合成	引物为：PF：5-ATGGGCGACAATGTC-CCTAAC-3，PR：5-GAGCTGAGTATTTT-GGGCGTG-3，预期扩增片段分别为511bp（经典毒株）、421bp（高致病性毒株），合成引物用DEPC ddH_2O 稀释至20微摩尔/升，-20℃保存	
2. 总RNA的提取	取病料100毫克，置于研磨器中，加入液氮研磨成粉状，将粉末转移到1.5毫升离心管中。利用RNA提取试剂盒制备总RNA，将总RNA溶于DEPC ddH_2O	
3. RT-PCR扩增	反转录体系20微升，取总RNA 3微升作模板，加入PR引物1微升、dNTPs 4微升、Rnase抑制剂0.5微升、AMV反转录酶0.5微升、5×AMV Buffer 4微升，加DEPC ddH_2O 至20微升，于42℃ 1.5小时得cDNA模板。PCR体系25微升：10×PCR Buffer 2.5微升、dNTPs 2微升、PF和PR引物各0.5微升、rTaq 0.5微升、cDNA 3微升、加 ddH_2O 至25微升 反应程序：95℃ 5分钟；94℃ 40秒，55℃ 40秒，72℃ 50秒，共32个循环；最后72℃ 10分钟	1. 根据基因文库中PRRSV Nsp2基因序列，设计了一对跨越Nsp2基因缺失区域的引物 2. 扩增引物不宜反复冻融 3. 操作时谨防RNA酶污染 4. 及时提取病料的总RNA，以防组织自溶、腐败而裂解病毒RNA
4. 凝胶电泳	取5微升扩增产物于1.2%琼脂糖凝胶（含0.5微克/毫升溴化乙啶），配胶及电泳缓冲液均为1×TAE（40毫摩尔/升Tris-乙酸，1毫摩尔/升EDTA，pH 8.0），120伏电压电泳30~60分钟	
5. 结果判定	在紫外灯下观察PCR产物在凝胶中的位置，以100bp和1kb DNA Ladder为参照物，出现DNA条带的判定为阳性，未出现DNA条带的判定为阴性	

二、防治技术措施

1. 健康猪群防控措施

(1) 免疫预防

1）PRRS灭活苗。种猪每隔4个月全群普防1次，每头份2毫升。

首次普防后间隔4~5周进行二免。仔猪在3~4周龄注射免疫1毫升。对后备和育成猪在配种前1个月免疫，经产母猪在空怀期接种1次，3周后加强免疫1次。

2）弱毒苗。一般用于3~18周龄和没有妊娠的母猪，非感染猪场最好不用。

（2）防控措施 坚持自繁自养和全进全出的原则。搞好卫生消毒，防止疫病传入。定期检测猪群，每季度检测一次，对各个阶段的猪群进行抗体效价检测，如果4次检测抗体阳性率没有显著变化，则表明本病在猪场是稳定的。如果在某一季度抗体阳性率明显升高，提示野毒感染。

2. 发病猪群防控、治疗措施

（1）防控措施

1）封锁发病猪场，防止猪群流动，避免疫情扩散蔓延。对流产的胎衣、死胎及死猪做好无害化处理，产房彻底消毒。发病时禁止注射猪繁殖与呼吸综合征疫苗，否则会造成大批死亡。

2）调整日粮，对病猪饲喂高能量饲料、青绿饲料，使维生素含量达到5%~10%，矿物质达到5%~10%，并且注意氨基酸平衡。

3）控制继发感染。在妊娠母猪产前和产后、哺乳仔猪断奶前后、转群等阶段，按预防量在饲料中添加抗生素类药物，如泰妙菌素、土霉素等，以防猪群继发感染。

（2）治疗方法

1）柴胡10毫升、恩诺沙星注射液10毫升，每天2次，用于退热，适用于发热在41.5℃以上的猪只。

2）复方花青素5克、阿司匹林1克、牛磺酸5克加500毫升水喂服，每天2次。母猪分娩前20天，连用数天水杨酸钠或阿司匹林等药物，以减少流产。母猪分娩前后各1周喂服氟甲砜霉素或支原净加金霉素，以减少细菌性继发感染。

第五节 猪传染性胃肠炎

猪传染性胃肠炎是由冠状病毒引起的猪的一种急性、高度接触性肠道传染病。其特征为呕吐、腹泻、脱水，15日龄以内仔猪高死亡率，成年猪几乎没有死亡。

一、快速诊断及类症鉴别

1. 临床诊断

（1）发病特点　发病具有明显季节性，以深秋、冬季、早春寒冷季节多发，康复猪可长期带毒，病毒随粪便、鼻液排出，污染饲料、饮水、空气，经消化道和呼吸道传播。各种猪都易感，但以10日龄以内的仔猪发病率和死亡率最高，随着日龄的增大，死亡率逐渐降低。

（2）临床症状　潜伏期为12～24小时。仔猪突然发病，先是呕吐，继而发生频繁水样腹泻，粪便呈黄、绿或灰白色，常含有未消化的凝乳块，并带恶臭味。病初体温升高，腹泻后下降。口渴、明显脱水，体重减轻，很快消瘦，康复猪生长发育不良成为僵猪。架子猪、育肥猪、母猪症状轻微，只表现减食、腹泻，有时呕吐，经1周左右康复，很少引起死亡。

2. 病理学诊断

特征病变集中在胃和小肠。胃内充满凝乳块（彩图2-15），胃底黏膜轻度充血，有黏液覆盖，50%病例见有小点状或斑点状出血。肠内充满黄绿色或灰白色液体；肠壁菲薄，缺乏弹性；肠管扩张，呈半透明状（彩图2-16）。取空肠，用生理盐水轻轻洗去肠内容物，置于平皿中加入少量生理盐水，用解剖镜镜检观察，健康空肠绒毛呈棒状，均匀、密集，可随水振动而摆动。而病猪空肠绒毛变粗，粗细不匀，大面积绒毛仅留有痕迹或消失。小肠绒毛变短或萎缩，空肠和回肠绒毛长度和肠腺隐窝深度之比，健康猪为7∶1，病猪则为1∶1。部分日龄较大的猪胃黏膜有溃疡，且靠近幽门处有较大的坏死区。

3. 免疫学诊断

（1）病毒试纸条检测　采集病猪粪便，立刻用猪传染性胃肠炎病毒试纸条或检测卡检测，为了得到可靠的检测结果，每个猪场至少检测5份样品，具体操作和结果判定参见猪瘟病毒快速检测。

（2）病毒ELISA检测　用于检测猪血清、血浆及相关样品中传染性胃肠炎病毒。样品应不含NaN_3，因NaN_3会抑制辣根过氧化物酶的活性，影响试验结果。以空白孔调零，在450纳米波长处测量各孔的吸光值（OD值）。阳性对照孔平均$OD_{450} \geqslant 1.00$，阴性对照孔平均$OD_{450} \leqslant 0.10$试验成立；临界值为阴性对照孔平均值加0.15。样品$OD_{450} <$临界值，判为阴性；样品$OD_{450} \geqslant$临界值，判为阳性。

4. 类症鉴别

（1）与猪流行性腹泻的鉴别 两者均有呕吐、腹泻、脱水等症状。不同点是：患猪传染性胃肠炎的病猪粪便呈浅黄色、绿色或灰白色，胃中含有未消化的凝乳块和泡沫，具有腥臭味；小肠充血，含有灰白色液状物，死亡率很高。而猪流行性腹泻病猪的粪便呈黄色、浅绿色，肠腔内充满黄色液体，胃内空虚，充满黄色胆汁液体。

（2）与猪轮状病毒病的鉴别 两者均表现出呕吐、腹泻等症状。不同点是：轮状病毒主要感染8周龄以内的仔猪，其症状没有胃肠炎严重，发病率高，但病死率低。

二、防治技术措施

1. 健康猪群防控措施

（1）免疫预防

1）猪传染性胃肠炎活疫苗。母猪产前30～35天后海穴（在肛门与尾根之间的凹陷处）注射2毫升。1～2日龄仔猪滴鼻或后海穴注射0.5毫升，10～25千克小猪注射1毫升，25千克以上猪注射2毫升，5～7天后产生免疫力。

2）猪传染性胃肠炎-流行性腹泻二联灭活苗。母猪产前30～35天后海穴注射4毫升。10～25千克小猪注射1毫升，25～50千克注射2毫升，50千克以上注射4毫升。接种后15天产生免疫力。

3）猪传染性胃肠炎-流行性腹泻二联活疫苗。后海穴注射，母猪产前30～35天注射1.5毫升，10～25千克小猪注射0.5毫升，25～50千克注射1毫升，50千克以上注射1.5毫升。在发病时，该疫苗用于紧急接种，可获得良好的效果。

注意事项：注射进针深度：3日龄内仔猪为0.5厘米，随猪龄增大而加深，成年猪为4厘米。进针时保持与直肠平行或稍偏上。

（2）防控措施 坚持免疫预防，平时应注意不从疫区或病猪场引进猪只，坚持自繁自养，以免传入本病。加强饲养管理，尤其产房和保育舍温度要适宜，搞好卫生消毒工作。

2. 发病猪群防控、治疗措施

（1）防控措施 一旦发病，应立即隔离病猪，用碱性消毒剂消毒猪舍、场地、用具、车辆，限制人员和动物出入。尚未发病的妊娠母猪、哺乳母猪及仔猪迅速隔离。对病猪应用抗生素、磺胺类药物等防止继发

感染。同时加强护理，给以清洁饮水和易消化的饲料，注意防寒保温。

（2）治疗方法

1）一侧肌内注射猪-a 干扰素 0.5 ~1 毫升、新必妥（活性多肽）2 ~5 毫升，每天 1 次，连用 2 天。另一侧肌内注射复方黄芪多糖注射液，按 0.1 毫升/千克体重，每天 1 次，连用 3 天。发病初期，可肌内注射高免血清，按 1 毫升/千克体重，每天 1 次，连用 2 天。

2）静脉注射 10% 葡萄糖注射液 30 ~60 毫升、5% 碳酸氢钠注射液 20 ~50 毫升，或内服补液，每次 10 ~30 毫升，每天 3 ~5 次。

3）止泻可用鞣酸蛋白 2 克、活性炭 10 克，仔猪 1 次内服；大猪用止泻散 50 克、大黄苏打片 50 片、酵母片 10 片，研碎拌入 10 千克饲料内，每天 3 次，连用 3 天。为防止继发感染，可选用抗生素药物，如恩诺沙星、氟苯尼考等。

第六节　非洲猪瘟

非洲猪瘟是由非洲猪瘟病毒引起的猪的一种急性、高致死性传染病。其临床症状、病理变化和流行病学类似急性猪瘟。其特征是发病急，病程短，稽留热，皮肤发绀，淋巴结和内脏器官严重出血，发病率和死亡率均高。

一、快速诊断及类症鉴别

1. 临床诊断

（1）发病特点　本病仅发生于猪，野猪多呈隐性感染，病毒随病猪的排泄物、分泌物排出，大多数康复猪也是带毒者，由被污染的饲料、饮水等经消化道感染。猪虱、隐嘴蜱、蚊等吸血昆虫也是本病的重要传播媒介。

（2）临床症状　潜伏期 5 ~9 天，病猪体温突然上升，稽留热 4 天，发病后通常不表现临床症状。当体温下降时或死前 1 ~2 天，病猪才表现精神沉郁，厌食，卧地一隅或相互堆叠，呼吸、心跳加快，腹泻、粪便带血，行走时后肢无力，眼鼻有浆液性或脓性分泌物，少毛、无毛部位发绀，呈紫红色水肿；发病猪直至死前仍能吃食，病程 4 ~7 天，死亡率在 95% 以上。

2. 病理学诊断

（1）淋巴结病变　淋巴结的病变最具有特征性，内脏淋巴结严重出血、肿胀，边缘呈红色，状似血瘤。以肾脏、肠系膜处淋巴结最为严重，胸部和颌下淋巴结较轻，通常呈块状出血；体表淋巴结仅周边轻度出血。

（2）黏膜病变 肠系膜水肿，呈胶样浸润，大肠黏膜有类似纽扣状溃疡，小肠的浆膜有黄褐色至红色小瘀斑，胃黏膜有炎症、溃疡，呈斑点状或弥漫性出血。胸腔、腹腔、心包积液，呈黄色或红色，心内外膜有出血斑，气管、喉头、膀胱黏膜以及内脏器官表面有点状出血。病程较长的病例，盲肠黏膜可能有类似纽扣状的深、小的溃疡病变，表面有坏死组织碎屑。

（3）脏器病变 肾皮质呈点状出血。常见脾脏肿胀、充血，肿胀区脾髓呈深紫黑色，切面膨胀，滤泡少而小。有些病例边缘有小、黑红色凸起的梗死。肝有瘀血和实质性病变，胆囊肿大，充满胆汁，囊壁增厚有出血点；肺小叶间水肿，有出血点。

3. 免疫学诊断

（1）直接免疫荧光试验 采取病猪淋巴结、脾脏或肝脏制成组织抹片或冰冻切片，再用非洲猪瘟荧光抗体染色观察，并作阳性血清的封闭对照，较易做出判定。

（2）非洲猪瘟抗体 ELISA 检测 由于非洲猪瘟不存在疫苗抗体，因此，检测非洲猪瘟抗体可以确诊本病。血清样品应不含 NaN_3。判为阳性时表明已感染非洲猪瘟病毒，判为阴性时表明未感染被检病毒。

4. 类症鉴别

与猪瘟的鉴别详见表 2-7。

表 2-7 非洲猪瘟与猪瘟的鉴别

鉴别项目	非洲猪瘟	猪瘟
发热及临床症状	猪发病后仅体温升高，而不表现其他临床症状，病猪发热 4 天后，当体温下降时才表现临床症状，此时已处于濒临死亡	一旦体温升高，立即出现明显的临床症状直至死亡
淋巴结病变	严重出血，状似血瘤	充血、出血、水肿，外观似大理石样花纹
体腔及肠系膜病变	腹腔、胸腔、心包内液体较多，呈黄色，肠系膜呈胶样水肿	无此病变
流行病学	无疫苗接种，血清抗体阳性，表明病毒感染。对所有猪均易感，呈暴发流行，我国尚无此病。如猪瘟免疫猪群突发与猪瘟相似的传染病，传播快、大批发病，可怀疑为非洲猪瘟	疫苗普免，部分猪易感，呈亚急性或慢性流行，血清抗体阳性，无诊断意义

二、防治技术措施

1. 健康猪群防控措施

目前国内外尚无预防本病的疫苗。猪感染本病后血清中有沉淀抗体而无中和抗体，该抗体对同型病毒的抵抗力维持时间较短，研制有效的疫苗难度很大。

2. 发病猪群防控、治疗措施

(1) 防控措施　猪群中若发现可疑病猪，及时上报主管部门，并立即封锁、消毒，确诊后，全群扑杀，焚烧深埋，彻底消灭传染源；场舍、用具彻底消毒，该场地暂不养猪，改作别用以杜绝传染。

(2) 治疗方法　尚无有效治疗方法。

第七节　猪流行性腹泻

猪流行性腹泻是由冠状病毒引起的仔猪、育肥猪的一种急性、高度接触性肠道传染病。其发病特征为呕吐、腹泻、脱水，日龄越小症状越重，致死率越高。

一、快速诊断及类症鉴别

1. 临床诊断

(1) 发病特点　本病有一定季节性，一般在冬春寒冷季节呈广泛流行。主要通过消化道传播，也可经呼吸道传染，并可由呼吸道分泌物排泄病毒。各种年龄的猪均可感染发病，仔猪、架子猪、育肥猪发病率高达100%，成年母猪发病率为15%~90%。

(2) 临床症状　精神沉郁，食欲减退或废绝，体温正常，呕吐和水样腹泻，脱水，消瘦，尤其是无母源抗体的哺乳仔猪，发病时呕吐、水泻更加严重，粪便呈灰黄色、灰色、浅绿色，哺乳后期的仔猪、青年猪发病率虽然很高，但经2~3天能够自愈或仅表现委顿、厌食、腹泻，病死率低，而成年猪仅见厌食、呕吐，症状极其轻微。

2. 病理学诊断

特征性病变仅见于小肠，小肠膨胀，肠壁变薄，肠管内充满黄色的液体或气体，肠系膜淋巴结充血水肿（彩图2-17）。显微镜观察，可见小肠绒毛细胞的空泡形成和脱落，肠绒毛萎缩变短，绒毛高度与隐窝深度之比由正常的7:1降为3:1，超微结构的变化主要发生在肠细胞的细胞质，可见细胞器减少，产生半透明区，微绒毛终末网消失。胃内容物发酵充气，内有未消化的凝乳块，病情严重者胃底部出现坏死。

3. 免疫学诊断

猪流行性腹泻病毒试纸检测。利用猪流行性腹泻病毒快速检测试纸条检测病毒，每个猪场至少检测 5 份样品，具体操作和结果判定可参考猪瘟病毒快速检测。

4. 类症鉴别

（1）与猪传染性胃肠炎的鉴别 参见猪传染性胃肠炎。

（2）与猪轮状病毒病的鉴别 猪轮状病毒病主要发生于 8 周龄以内的小猪，虽有呕吐，但没有猪流行性腹泻严重，病死率相对较低，不见胃底出血。

二、防治技术措施

1. 健康猪群防控措施

（1）免疫预防

1）猪流行性腹泻弱毒苗。本病的免疫属于典型的局部免疫，因此，用苗时通过口鼻途径效果较佳，优于肌内注射或皮下注射，产前 5 周和 2 周各免 1 次，使新生仔猪获得被动免疫。

2）猪流行性腹泻、传染性胃肠炎和轮状病毒三联灭活苗。后备母猪先免疫 1 次，初产前 1 个月再免疫 1 次；以后在产前 1 个月跟胎免疫 1 次，肌内注射 4 毫升。肉猪可在断奶前后各免疫 1 次，两次间隔 20 天。初生仔猪每头 0.5 毫升，5～25 千克仔猪每头 1 毫升，25 千克以上猪每头 2 毫升。免疫期 6 个月。

（2）防控措施 坚持免疫预防，加强饲养管理，猪舍保持温暖、干燥，提供清洁饮水，加强消毒工作。

2. 发病猪群防控、治疗措施

（1）防控措施 搞好发病猪的隔离和圈舍消毒工作，每天补给内服盐溶液，投喂止泻剂，必要时注射抗生素药物。

（2）治疗方法 可将 3.5 克氯化钠、1.5 克氯化钾、2.5 克碳酸氢钠、20 克葡萄糖溶于 1000 毫升水，给病猪内服；也可试用康复猪抗凝血或高免血清每天内服 10 毫升，连用 3 天，有一定治疗和预防作用。

第八节　猪细小病毒病

猪细小病毒病是由猪细小病毒侵袭母猪胎盘和胎儿，导致胎儿死亡，而母猪不表现任何临床症状的一种繁殖障碍性疾病。其特征为妊娠母猪，尤其是初产母猪往往产出木乃伊胎、畸形胎、死胎及病弱仔猪。

一、快速诊断及类症鉴别

1. 临床诊断

（1）发病特点　本病呈散发或地方性流行，初产母猪多发，夏季容易发病，既可通过交配、污染物或鼠类水平传播，又可通过母体垂直传播。本病具有很高的感染性，病毒一旦传入，3 个月内几乎可导致猪群 100% 感染，病毒在污染圈内可以存活 4～5 个月。被感染的公猪性欲和受精率无明显影响，但精液可长期排毒。

（2）临床症状　妊娠母猪表现为流产，产死胎、木乃伊胎，产后久配不孕等症状，流产母猪及其他猪不表现临床症状。妊娠早期（30～50 天）感染，引起胎儿吸收，母猪表现反复发情不孕，妊娠中期（50～60 天）感染引起产死胎、木乃伊胎、畸形胎，妊娠 70 天感染出现流产、产死胎。妊娠后期（70 天以后）大多能正常生产，但产出的仔猪瘦小，大多不能存活，即使存活下来的小猪会造成终身带毒，弱仔出生后 30 分钟，先在耳尖，后在颈、胸、腹下、四肢上端内侧出现瘀血和出血斑，随后逐渐变为紫红色并死亡。

2. 病理学诊断

感染胎儿可见不同程度的发育不良，死亡仔猪皮下充血、出血、水肿、坏死，胸腹腔有浅红或浅黄色渗出液，肝脏、脾脏、肾脏肿大、发暗、脆弱，有时萎缩。母猪胎儿在子宫内被溶解和吸收。死亡胎儿的镜下病变主要是多数组织和血管广泛的细胞坏死。

3. 分子生物学诊断

利用聚合酶链式反应（PCR）检测猪细小病毒，具体操作见表 2-8。

4. 类症鉴别

（1）与伪狂犬病的鉴别　两者均表现流产，产死胎、木乃伊胎等症状。不同点是：伪狂犬病发病母猪所产仔猪，外表健康，但 2 天后体温升高，嗜睡，口吐白沫，站立不稳，四肢呈游泳状划动，倒地死亡。如仔猪 20 日龄发病，则表现精神不振，眼睑充血、肿胀，呼吸困难，有神经症状，最后衰竭而死。而猪细小病毒病发病母猪除繁殖障碍外，无明显临床症状，感染早期出现产木乃伊胎，中期产死胎，晚期产出弱仔。

表 2-8　聚合酶链反应检测猪细小病毒

操作步骤	详细操作	注意事项
1. 引物设计及合成	上游引物 P1：5-CAGAATCAGCAACCT-CAC-3，下游引物 P2：5-TGGTCTCCT-TCTGTGGTAGG-3，扩增片段为 445bp。合成引物用 ddH_2O 稀释至 20 微摩尔/升，于 −20℃保存	1. 根据基因文库中细小病毒 VP2 基因序列，通过引物设计软件分析设计引物 2. 扩增引物不宜反复冻融 3. 及时提取制备病料的总 DNA，以防组织自溶、腐败而裂解病毒 DNA
2. 总 DNA 的提取	取病料 100 毫克，置于研磨器中研磨成粉状，将粉末转移到 1.5 毫升离心管中。利用 DNA 提取试剂盒制备病料总 DNA，将制备的总 DNA 溶于 ddH_2O	
3. PCR 扩增	反应体系 50 微升：含有 100 微摩尔/升 dNTPs，5 微摩尔/升引物，0.5 单位 Taq 酶（1 单位/微升）及 1 微升模板 DNA，体系组成如下：10×缓冲液 5.0 微升，$MgCl_2$ 5.0 微升（25 微摩尔/升），dNTPs 1.0 微升，引物各 1.0 微升，Taq 酶 0.5 微升，DNA 模板 1.0 微升，ddH_2O 35.5 微升。反应程序：94℃ 3 分钟、94℃ 45 秒、54℃ 45 秒、72℃ 30 秒，30 个循环后，72℃ 10 分钟	
4. 凝胶电泳	取 5 微升扩增产物于 1.2% 琼脂糖凝胶（含 0.5 微克/毫升溴化乙啶），配胶及电泳缓冲液均为 1×TAE（40 毫摩尔/升 Tris-乙酸，1 毫摩尔/升 EDTA，pH 8.0），120 伏电压电泳 30～60 分钟	
5. 结果判定	在紫外灯下观察 PCR 产物在凝胶中的位置，以 100bp 和 1kb DNA Ladder 为参照物，出现 DNA 条带的判定为阳性，未出现 DNA 条带的判定为阴性	

（2）与猪繁殖与呼吸综合征的鉴别　两者均表现流产，产死胎、木乃伊胎等症状。不同点是：猪繁殖与呼吸综合征发病母猪体温升高，厌食，嗜睡，可提前1周早产，也有少数病猪出现耳、尾部、外阴、腹部发绀。而猪细小病毒病发病母猪除繁殖障碍外，无明显其他临床症状。

（3）与猪乙型脑炎的鉴别　两者均表现流产，产死胎、木乃伊胎等症状。不同点是：猪乙型脑炎病猪体温升高，发病高峰期为蚊蝇滋生季节，仔猪抽搐、震颤，公猪一侧睾丸炎，触摸有热疼。而猪细小病毒病发病母猪除繁殖障碍外，无明显临床症状，公猪也不表现睾丸发炎。

二、防治技术措施

1. 健康猪群防控措施

（1）免疫预防

1）猪细小病毒灭活苗。颈部肌内注射2毫升，初产母猪5～6月龄免疫1次，2～4周后加强免疫1次；经产母猪于配种前3～4周免疫1次；公猪每年免疫2次。免疫期为6个月，妊娠母猪不宜使用。此苗在疫区和非疫区均可使用。

2）猪细小病毒弱毒苗。目前商品化的弱毒苗主要有NDAL-2、HI、HT-SK-C和N株疫苗。由于猪细小病毒感染后很难清除，弱毒株存在返强的风险，建议猪场不使用弱毒苗。

（2）防控措施　坚持自繁自养，不从疫区引猪，必须引种时一定要检疫，应做到两地检疫，证实无病后方可引入。做好产仔母猪的免疫预防，待母猪获得主动免疫后再繁育配种；加强对种公猪的检疫，血清学阴性猪才可作种猪用。

2. 发病猪群防控、治疗措施

（1）防控措施　条件许可的猪场，可将发病的母猪、仔猪扑杀，及时淘汰阳性种公猪，净化猪群，严密消毒场地、圈舍和用具。无条件的猪场，要认真做好免疫预防。

（2）治疗方法　本病无特效的治疗药物，也没有治疗意义。

第九节　猪圆环病毒病

猪圆环病毒病是由猪圆环病毒2型（PCV2）和3型（PCV_3）引起的猪的一种多系统功能障碍性传染病，其特征是呼吸急促，呼吸困难，腹泻，贫血，具有明显的淋巴结病变和进行性消瘦。

一、快速诊断

1. 临床诊断

（1）发病特点 本病无季节性，病毒随排泄分泌物排出体外，经消化道、呼吸道传播，也可经胎盘垂直传播，并引起断奶仔猪多系统衰竭综合征，多发于5~12周龄，最常见于6~8周龄的仔猪。急性暴发时，发病率可达50%，病死率达20%~30%。多数病猪常有其他病原体的混合感染；猪皮炎肾病综合征主要危害育肥猪，死亡率为15%~20%，耐过猪发育不良，成年猪一般为隐性感染。

（2）临床症状

1）仔猪多系统衰弱综合征。病猪体温升高，皮肤苍白，食欲不振，发育迟缓，进行性消瘦，呼吸过速或困难，嗜睡，腹泻，可视黏膜黄疸，咳嗽，中枢神经系统紊乱，常突然死亡，腹股沟淋巴结肿大。

2）猪皮炎与肾炎综合征。病猪表现为后躯、后肢和腹部皮肤发生圆形或不规则隆起，周边呈红色或紫色，中央呈黑色，以后融合成条带状或斑块，有时可扩展到胸肋或耳部，轻者体温正常，常自行康复，严重者表现跛行、发热、厌食和体重减轻等症状。

3）母猪繁殖障碍。发病母猪体温升高，食欲减退，流产，产死胎、木乃伊胎和弱仔。病后母猪受胎率低或不孕，断奶前仔猪死亡率达10%。

4）仔猪先天性震颤。在出生后第一周，严重的震颤可因不能吃奶而死亡，生存1周的仔猪可以存活下来，但多数在3周时间恢复。震颤为双侧，当卧下或睡觉时震颤消失，外界刺激可引发或加重震颤，有的在整个生长和发育期间都不断发生震颤。

猪圆环病毒病

5）猪间质性肺炎。病猪咳嗽、流鼻汁、呼吸加快、精神沉郁、食欲不振、生长缓慢，多见于保育期和育肥期的猪。

2. 病理学诊断

淋巴结异常肿胀，内脏和外周淋巴结肿大到正常体积的3~4倍，切面为均匀的白色；肺肿胀有灰褐色炎症，呈弥漫性病变，比重增加，坚硬似橡皮样，表面呈花斑状；肝脏颜色发暗，萎缩，呈浅黄到橘黄色外观，肝小叶间结缔组织增生；胃的食管部黏膜常有大片溃疡形成，呈环

状、条状或片状脱落；肾脏水肿，苍白，有的可达正常肾脏的5倍，质地如肉样，被膜下有坏死灶；脾脏轻度肿大；胰、小肠和结肠也常有肿大及坏死病变。

3. 分子生物学诊断

利用聚合酶链反应检测 PCV2 是最佳的诊断方法之一，具体操作见表2-9。

表 2-9　聚合酶链反应检测 PCV2

<table>
<tr><th>操作步骤</th><th>详细操作</th><th>注意事项</th></tr>
<tr><td>1. 引物设计及合成</td><td>上游引物 P1：5-CTTGTTGGAGACCGGGAGTC-3；下游引物 P2：5-GGGGGGAAAGGGTGACGAAC-3，扩增片段为 536bp。合成引物用 ddH_2O 稀释至 20 微摩尔/升，于 −20℃保存</td><td rowspan="5">1. 根据基因文库中发表的 PCV2 基因序列，通过引物设计软件分析设计引物
2. 扩增引物不宜反复冻融
3. 及时提取病料的总 DNA，以防组织自溶、腐败而裂解病毒 DNA</td></tr>
<tr><td>2. 总 DNA 的提取</td><td>取病料 100 毫克，置于研磨器中研磨成粉状，将粉末转移到 1.5 毫升离心管中。利用 DNA 提取试剂盒制备病料总 DNA，将制备的总 DNA 溶于 ddH_2O</td></tr>
<tr><td>3. PCR 扩增</td><td>PCR 反应体系 50 微升：exTaq 25 微升、上下游引物各 1 微升、模板 DNA 2 微升、ddH_2O 21 微升，试剂混匀后 94℃ 3 分钟；94℃ 30 秒，57℃ 60 秒，72℃ 60 秒，共 34 个循环；72℃ 5 分钟</td></tr>
<tr><td>4. 凝胶电泳</td><td>取 5 微升扩增产物于 1.2% 琼脂糖凝胶（含 0.5 微克/毫升溴化乙啶），配胶及电泳缓冲液均为 1 × TAE（40 毫摩尔/升 Tris-乙酸，1 毫摩尔/升 EDTA，pH 8.0），120 伏电压电泳 30 ~60 分钟</td></tr>
<tr><td>5. 结果判定</td><td>在紫外灯下观察 PCR 产物在凝胶中的位置，以 100bp 和 1kb DNA Ladder 为参照物，出现 DNA 条带的判定为阳性，未出现 DNA 条带的判定为阴性</td></tr>
</table>

二、防治技术措施

1. 健康猪群防控措施

（1）免疫预防

1）SH 株 PCV2 灭活苗。大小猪均肌内注射 2 毫升。仔猪 14 ~21 日龄免疫；后备母猪配种前 45 天免疫 1 次，3 周后二免，产前 30 ~40 天三免；经产母猪产前 45 天免疫 1 次，3 周后加强免疫 1 次。

2）LG 株 PCV2 灭活苗。2 ~4 周龄仔猪肌内注射 1 毫升，3 周后加免 1 次。大猪肌内注射 2 毫升，后备母猪配种前免疫 2 次，间隔 3 周，产前 30 天加强免疫 1 次；经产母猪跟胎免疫，母猪首次使用此苗时，免疫方法同后备母猪。成年猪做基础免疫 2 次，间隔 3 周，以后每半年免疫 1 次。

（2）防控措施 分娩期仔猪全进全出，两批猪之间要清扫消毒；分娩前要清洗母猪和驱虫；限制交叉哺乳，如果确实需要也应限制在分娩后 24 小时以内。断乳期，原则上一窝一圈，猪圈分隔坚固，并有与邻舍分割的独立粪尿排出系统；饲养密度合理，猪舍空气质量和温度适宜。

2. 发病猪群防控、治疗措施

（1）防控措施 要彻底检查、隔离、淘汰感染猪。饲料营养要平衡，饲料中各种氨基酸的用量要充足，多加一些维生素和微量元素。在发病严重的猪场，用病毒含量高的淋巴结、脾脏制作自家灭活苗，仔猪出生后 7 天、21 天各免疫 1 次，可收到一定效果。

（2）治疗方法

1）哺乳仔猪在 3 日龄、7 日龄、21 日龄注射多西环素（200 毫克/毫升），每次 0.5 毫升，或在 1 日龄、7 日龄和断奶时各注射头孢噻呋（500 毫克/毫升）0.2 毫升；断奶前 1 周至断奶后 1 个月，用支原净（50 毫克/千克）加金霉素或多西环素（150 毫克/千克）拌料饲喂，同时用阿莫西林（500 毫克/升）饮水。

2）母猪在产前和产后 1 周，饲料中添加支原净（100 毫克/千克）或土霉素（300 毫克/千克）饲喂。

第十节 猪流行性感冒

猪流行性感冒是由流行性感冒病毒（流感病毒）引起的猪的一种急性、高度接触性呼吸道传染病。其特征为发病急、传播快、发病率高、死亡率低。

一、快速诊断及类症鉴别

1. 临床诊断

（1）发病特点　我国猪流感病毒为 H1N1 和 H3N2 亚型，两种猪源病毒亚型均可感染人，属 A 型流感病毒。各种猪对流感病毒都易感。流行具有明显季节性，多发于秋末、早春和冬季，夏季很少发生，呈地方流行。病毒由呼吸道分泌物传播给易感猪或人。

（2）临床症状　潜伏期几小时至几天，发病突然，第 1 头病猪出现后的 24 小时内，同一猪场的大部分猪已被感染。病初体温升高，精神萎靡，食欲减退或废绝。呼吸急促，咳嗽、喷嚏，鼻腔流出浆性或脓性鼻汁。眼结膜潮红，流眼泪，卧地不起，难以移动，驱赶时表现疼痛。病程 5 ~ 7 天，若无并发症 3 ~ 4 天多数可自行康复。病猪极少死亡，个别转为慢性的出现持续咳嗽，消化不良，消瘦。多数病猪便秘呈球状，妊娠母猪可能引起流产。

2. 病理学诊断

鼻、咽、喉、气管、支气管黏膜充血、出血，表面有大量泡沫样黏液，有时混有血丝，胸腔、心包蓄积大量混有纤维素的浆液。肺见气肿、有时水肿，呈紫红色，病区肺膨胀不全、塌陷，其周围肺组织呈气肿和苍白色，界线分明，严重的病例，有支气管肺炎和纤维蛋白性胸膜炎。胃黏膜尤其是胃大弯部充血，脾脏轻度肿大。淋巴结水肿、增大、充血，切面多汁、外翻。

3. 病原学诊断

小鼠接种试验　无菌采集肺病变组织和淋巴结，匀浆后用缓冲盐水制成悬液，小鼠在接种前，先用乙醚麻醉，然后将病料悬液滴入小鼠鼻腔内，小鼠则在 3 ~ 4 天内发病，最后死于病毒性肺炎。剖检可见有特征性的肺炎病变。

4. 免疫学诊断

病毒中和试验　将已知猪流感病毒与被检血清混合，室温作用 1 ~ 2 小时，取此混合液滴入麻醉的小鼠鼻腔内，若接种的小鼠被保护而不发病，则为阳性；若小鼠发生病毒性肺炎而死亡，则为阴性。

5. 类症鉴别

（1）与猪支原体肺炎的鉴别　两者均表现体温升高、气喘、咳嗽、流鼻液等症状。不同点是：猪支原体肺炎的症状为反复干咳、气喘，一般不打喷嚏，不出现疼痛，病程缓慢且比较长。肺可见特征性的融合性支气管肺炎，尖叶、心叶、中间叶和膈叶前缘呈现“肉样”或“虾肉样”实变。

（2）与猪肺疫的鉴别 两者均表现体温升高，呼吸急促、咳嗽、鼻流黏液等症状。不同点是：猪肺疫发病急，咽喉肿胀，呼吸困难，流涎，呈犬坐式。皮下有大量胶冻样浅黄色或灰青色纤维素性浆液，肺可见纤维素炎症，切面呈大理石样外观，有时胸膜与肺粘连。

二、防治技术措施

1. 健康猪群防控措施

（1）免疫预防 目前国内尚无猪流感疫苗的生产和应用，国外仅有灭活疫苗，两次免疫后，保护期可达6个月以上。发过病的猪群，如果在一个季节内没有重复流行，说明康复猪获得了一定的免疫力。

（2）防控措施 减少各种应激因素，特别在阴雨潮湿、气候多变时，保持圈舍清洁卫生、通风干燥、温暖安静，注意消毒，勤换垫草，给足清洁饮水。

2. 发病猪群防控、治疗措施

（1）防控措施 一旦发病，立即采取隔离措施，对病猪进行对症治疗，防止继发感染。清洗和消毒被污染的圈舍、食槽和用具，防止疾病的进一步蔓延。

（2）治疗方法 目前尚无特效疗法，发病时可采取对症治疗，如在饮水中加入止咳化痰剂、清热解毒的药物或使用抗生素药物，控制并发症或继发感染有一定效果。

第十一节 猪流行性乙型脑炎

猪流行性乙型脑炎又称日本乙型脑炎、简称乙脑，是由乙型脑炎病毒引起的人畜共患虫媒病毒性传染病。猪是乙脑传播给人类的主要传染源，一般情况下乙脑病毒的感染呈猪-蚊-人链状。

一、快速诊断及类症鉴别

1. 临床诊断

（1）发病特点 本病具有明显季节性，主要在7～9月份蚊子滋生季节发病，各种猪均易感，发病年龄与性成熟有关，大多在6月龄左右发病，其特点是感染率高，发病率低（20%～30%），死亡率低；新疫区

发病率高，病情严重，以后逐年减轻，最后多呈无症状的带毒猪。病毒既可通过蚊子传播，也可经胎盘感染胎儿。

（2）临床症状

1）妊娠母猪常突发流产，产死胎或木乃伊胎，流产多发生在妊娠后期。流产时乳房胀大，流出乳汁，流产后胎衣滞留，自阴道流出红褐色或灰褐色黏液，同窝胎儿差别极大，小的如人的大拇指，大的像正常胎儿，流产后症状减轻，体温、食欲恢复正常。流产胎儿有的已呈木乃伊化，有的死亡不久全身水肿。

2）公猪表现为睾丸炎，高热后，常发生一侧睾丸肿胀（也有两侧同时发生），睾丸阴囊皱襞消失、发亮、发热，指压睾丸有痛感。经3～5天后睾丸肿胀消退，逐渐萎缩变硬，失去配种能力。如仅一侧发炎，仍有配种能力。

3）仔猪和育肥猪体温升高，呈稽留热，精神沉郁，食欲减退，饮欲增加，结膜潮红，粪便干燥，尿呈深黄色。仔猪出现神经症状时，则表现为转圈运动，视力障碍，摆头，乱冲乱撞，后期后肢麻痹，倒地不起而引起死亡。

2. 病理学诊断

流产胎儿皮下水肿，脑积水，肌肉褪色，肝脏肿大、贫血、质硬、有坏死小点，脾边缘出血梗死，全身淋巴结肿大，边缘出血。发病仔猪脑膜充血，脑室和脊髓腔液增多，肝脏、肾脏肿大，有坏死灶；后躯皮下水肿，全身肌肉褪色；胸腔、心包积液，实质脏器有散在小出血点，出生后不久而死亡的仔猪，常有脑水肿或头盖骨异常肥厚、脑萎缩。公猪睾丸有实质充血、出血和许多小颗粒状坏死灶；睾丸硬化者，体积缩小，与阴囊粘连，实质结缔组织化。

3. 分子生物学诊断

利用反转录聚合酶链反应（RT-PCR）检测猪乙脑病毒，具体操作见表2-10。

4. 类症鉴别

（1）与猪细小病毒病的鉴别 两者均表现流产，产死胎、木乃伊胎等症状。不同点是：猪细小病毒常年发病，多发生于初产母猪，母猪不表现临床症状，公猪不出现睾丸炎，仔猪不表现神经症状。而猪乙型脑炎发病有明显季节性，一般在7～9月发生，公猪发生睾丸炎，育肥猪持续高热和新生仔猪脑炎。

表 2-10　反转录聚合酶链反应检测猪乙型脑炎病毒

操作步骤	详细操作	注意事项
1. 引物设计及合成	上游引物（JEVP1）：5-GACACTGG-ATGTGCCATTGAC-3；下游引物（JEV-P2）：5-GGCATTCCTTTGTCTCAGGTC-3，扩增片段为 430bp，合成引物用 DEPC ddH_2O 稀释至 20 微摩尔/升，－20℃保存	1. 根据基因文库中 JEV-NS1 基因序列，设计了一对引物 2. 扩增引物不宜反复冻融 3. 操作时谨防 RNA 酶污染 4. 及时提取病料的总 RNA，以防组织自溶、腐败而裂解病毒 RNA
2. 总 RNA 的提取	取病料 100 毫克，置于研磨器中，加入液氮后研磨成粉状，将粉末转移到 1.5 毫升离心管中。利用 RNA 提取试剂盒制备总 RNA，总 RNA 溶于 DEPC ddH_2O	
3. RT-PCR 扩增	反转录体系 10 微升：无 RNase 水 1.25 微升，5 × AMV Buffer 2 微升，$MgCl_2$（25 微摩尔/升）1 微升，dNTPs 1 微升，JEVP2 引物 1 微升，RNase 抑制剂 0.25 微升，AMV 反转录酶 0.5 微升，模板 RNA 3 微升。反转录条件为 30℃ 10 分钟，42℃ 1 小时，99℃ 5 分钟。PCR 体系 20 微升：ddH_2O 12 微升，10 × PCR Buffer 2 微升，$MgCl_2$（25 微摩尔/升）1.2 微升，dNTPs（各 2.5 微摩尔/升）1 微升，Ex-Taq 酶（5 单位/微升）0.2 微升，引物各 0.4 微升，模板 2.8 微升。反应程序：95℃ 5 分钟，94℃ 1 分钟，59℃ 1 分钟，72℃ 1 分钟，35 个循环，72℃ 10 分钟	
4. 凝胶电泳	取 5 微升扩增产物于 1.2% 琼脂糖凝胶（含 0.5 微克/毫升溴化乙啶），配胶及电泳缓冲液均为 1 × TAE（40 毫摩尔/升 Tris-乙酸，1 毫摩尔/升 EDTA，pH 8.0），120 伏电压电泳 30 ~ 60 分钟	
5. 结果判定	在紫外灯下观察 PCR 产物在凝胶中的位置，以 100bp 和 1kb DNA Ladder 为参照物，出现 DNA 条带的判定为阳性，未出现 DNA 条带的判定为阴性	

(2) 与伪狂犬病的鉴别 两者均表现流产，产死胎、木乃伊胎，仔猪有神经症状。不同点是伪狂犬病一年四季发病，新生仔猪体温升高、呕吐、腹泻，死亡高率；育成猪、公猪一般呈隐性感染，有时表现轻微呼吸道症状。而猪乙型脑炎，发病有明显季节性，多在7~9月发病。公猪呈现睾丸炎，育肥猪持续高热，新生仔猪脑炎。

(3) 与猪繁殖与呼吸综合征的鉴别 两者均表现流产，产死胎、木乃伊胎等症状。不同点是：患猪繁殖与呼吸综合征哺乳仔猪突然发热、呼吸加快，断奶仔猪高死亡率，育肥猪出现典型肺炎，公猪不表现睾丸炎。而猪乙型脑炎发病有明显季节性，母猪产死胎，公猪表现睾丸炎，仔猪出现神经症状。

二、防治技术措施

1. 健康猪群防控措施

(1) 免疫预防

1）猪乙型脑炎活疫苗。大小猪均肌内注射1毫升，免疫期仔猪为6个月，生产母猪为9个月。后备母猪配种前20~30天免疫1次，以后每年春季加强免疫1次。经产母猪和成年种公猪，每年春季免疫1次。具有母源抗体的仔猪，2月龄后免疫。

2）猪乙型脑炎灭活苗。肌内注射2毫升。种猪于配种前或蚊虫出现前20~30天免疫2次（间隔15天），经产母猪及成年公猪每年免疫1次，在重疫区其他猪群也应免疫。

(2) 防控措施 加强饲养管理，坚持免疫预防，防止人畜互传。控制传染源和传播媒介。消除积水，灭蚊防蚊切断传播途径。

2. 发病猪群防控、治疗措施

(1) 防控措施 猪发病后应立即隔离治疗，做好护理工作，注意镇静安神，防止继发感染等，必要时补液治疗，减少死亡，促进康复。

(2) 治疗方法 尚无特效疗法，只能对症治疗和抗生素类药物治疗，缩短病程。肌内注射康复猪血清40毫升。静脉注射10%磺胺嘧啶钠注射液20~30毫升，25%葡萄糖注射液40~60毫升或静脉注射10%水合氯醛20毫升。

第十二节 猪传染性水疱病

猪传染性水疱病是由水疱病毒引起的猪的一种急性传染病。其特征是在鼻端、口腔、蹄部、乳房及皮肤处出现水疱，临床症状与口蹄疫极其相似，但不感染牛、羊等偶蹄动物。

一、快速诊断及类症鉴别

1. 临床诊断

（1）发病特点 本病无季节性，自然发病时只感染猪，各种猪均易感，常发于猪高度集中、地面潮湿、调运频繁的地方。传播快、发病率高，死亡率低，分散饲养的猪很少发病。此病可通过消化道、呼吸道、破损的皮肤感染。

（2）临床症状 自然感染潜伏期2~5天，人工感染1.5天。病初少数猪体温升高。蹄冠、趾间、蹄叉、蹄底部及母猪乳头处出现1个或几个绿豆大或蚕豆大的水疱，随后水疱融合充满透明液体，1~2天水疱破裂，形成溃疡面，表现跛行，严重时蹄壳脱落，卧地不起，食欲减少或废绝。少数病猪的鼻盘、口腔、乳头周围也会出现水疱，病程一般10天左右，可以恢复，但初生仔猪可造成死亡。发病率为10%~100%。约有2%的病猪出现神经症状，表现向前冲、转圈运动，眼球转动，有时出现强直性痉挛。

2. 病理学诊断

特征性病变在蹄部、鼻盘、唇、舌面，有时在乳房出现水疱。个别病例在心内膜有条状出血斑，其他脏器无可见病变。组织学变化为非化脓性脑膜炎和脑脊髓炎病变。脑膜含大量淋巴细胞，脑灰质和白质发现软化病灶。

3. 病原学诊断

乳鼠接种试验 将被检病料分别接种于1~2日龄乳鼠和7~9日龄乳鼠。5~10天后如两组乳鼠均死亡，则为口蹄疫；仅1~2日龄乳鼠死亡，则为猪水疱病。将病料经pH 3的缓冲液作用30分钟，再接种1~2日龄小鼠，小鼠死亡时为猪水疱病，小鼠不死亡时为口蹄疫。

4. 免疫学诊断

琼脂扩散试验 利用常规琼脂扩散试验检测水疱病病毒。凡能与标准阳性血清发生反应，产生明显沉淀线即可确诊。

5. 类症鉴别

类症鉴别参考表2-3。

二、防治技术措施

1. 健康猪群防控措施

（1）免疫预防

1）猪水疱病弱毒苗。鼠化弱毒苗或细胞弱毒苗，不论大小猪，均肌内注射2毫升，免疫期为6个月，保护率80%以上。

2）猪水疱病灭活苗。仓鼠组织灭活苗或细胞灭活苗，每头猪肌内注射3毫升，免疫期为6个月，保护率80%以上。

3）被动免疫。猪感染后7天产生中和抗体，30天达到高峰。用康复猪血清或免疫血清按1毫升/千克体重注射，保护率达90%，免疫期30天。

（2）防控措施　在引进猪和猪产品时，必须严格检疫，严防本病传入。加强对猪舍、运输工具定期消毒，可用5%氨水、10%漂白粉、3%甲醛溶液等，其中以5%氨水效果较好，既可达到消毒目的，还可增加粪便肥效。

2. 发病猪群防控、治疗措施

（1）防控措施　发病时，要及时向上级部门报告，隔离病猪，疫区实行封锁，并控制猪及猪产品出入疫区。对污染的场所、用具严格消毒，粪便、垫草等堆积发酵。对疫区和受威胁区的猪进行紧急接种。人具有易感性，应注意个人防护，以免感染。

（2）治疗方法　多数病猪可以自愈，为防止继发感染，可用0.1%高锰酸钾或2%明矾水清洗破溃水疱，涂布1%甲紫或20%的碘甘油。

第十三节　猪水疱性疹

猪水疱性疹是由猪水疱性疹病毒引起的猪的一种急性、热性传染病。其特征为口腔黏膜和蹄部皮肤发生水疱，破溃后形成溃疡，很快痊愈，死亡率低。

一、快速诊断及类症鉴别

1. 临床诊断

（1）发病特点　本病无明显季节性，各种猪都易感，传播迅速，在2~3天可使整个猪群感染，病猪迅速掉膘，病猪和带毒猪是主要传染源，饲喂被污染的饲料和泔水可造成传播，发病率为10%~100%，自然感染时仅发生于猪。

（2）临床症状　潜伏期1~7天，病初体温升高，精神沉郁，食欲减少。随后鼻盘、唇、鼻腔、趾间、蹄部、母猪乳头处出现灰白色水疱，直径3~30毫米，高10~20毫米，布满浆液性液体，稍压水疱即破裂，露出鲜红色的溃疡面，严重者蹄壳脱落，行动困难，以膝着地或卧地不起，如无继发感染，多在1周内康复。也可见到妊娠母猪流产，哺乳母猪乳汁减少。成年猪病死率很低，哺乳仔猪死亡率低于5%。

2. 病理学诊断

病变部位局部坏死，病变周围细胞变性、水肿，皮下组织充血，真皮组织有大量多核型白细胞。死亡仔猪可见心肌充血、水肿，心肌纤维变性、坏死以及淋巴细胞和巨噬细胞浸润。坏死心肌有无机盐沉着，形成钙化。

3. 病原学诊断

动物接种试验 将病料匀浆液稀释后用0.22微米滤膜过滤，滤液接种2日龄的乳鼠，5天后乳鼠不发生死亡，可判为此病。乳鼠全部死亡时，应考虑是否为猪口蹄疫、猪水疱病、水疱性口炎等其他病。

4. 类症鉴别

类症鉴别参考表2-3。

二、防治技术措施

1. 健康猪群防控措施

（1）免疫预防 目前尚无疫苗可用，但康复猪对同型病毒有坚强免疫力，可抵抗同型病毒的再次感染。

（2）防控措施 加强饲养管理，严格控制进口种猪，加强口岸隔离检疫。

2. 发病猪群防控、治疗措施

（1）防控措施 对发病猪群要封锁、隔离、消毒控制疫源扩散，病猪及其产品不得流动。凡与病猪接触过的用具要彻底消毒。泔水必须经过煮沸后才能喂猪。

（2）治疗方法 用清水、食醋或0.1%高锰酸钾溶液冲洗口腔，涂以碘甘油或撒布冰硼散，蹄部用来苏儿洗涤，并涂鱼石脂软膏。乳房用肥皂水洗，涂氧化锌、鱼肝油软膏，必要时注射抗生素以防继发感染。

第十四节 猪水疱性口炎

猪水疱性口炎是由水疱性口炎病毒引起所有哺乳动物的一种急性、热性传染病。其特征为口腔黏膜发生水疱，流泡沫样的唾液。蹄部也可发生疱疹。人也易感，其症状类似流行性感冒。

一、快速诊断及类症鉴别

1. 临床诊断

（1）发病特点　自然条件下马、牛、猪较易感，人与病猪接触也易感发病。发病有明显季节性，以蚊、螨活跃的夏、秋季多发，一般通过唾液、水疱液散播病毒，经损伤的皮肤和黏膜传播，也可经消化道感染，或经双翅目昆虫叮咬感染。

（2）临床症状　潜伏期 3～4 天，病初猪只体温升高，精神沉郁，食欲减退和流涎。病猪鼻部水疱较为多见，蹄部水疱发生于蹄叉，少见于蹄冠，内含黄色透明的液体，水疱破溃后形成糜烂和溃疡。此时若继发细菌感染，可导致蹄壳脱落，病猪站立不稳、跛行。无继发感染时7～10 天可以康复。

2. 病理学诊断

病变部位有局部坏死，病变周围细胞变性、水肿，初期在表皮的马尔皮基氏层的上皮细胞间浆液蓄积，不久相互融合、扩大形成水疱。水疱上部的上皮细胞不久变性坏死，以致在真皮发生白细胞浸润，呈现不同程度的炎症。

3. 病原学诊断

（1）病毒的分离培养　无菌采取水疱液，接种于猪肾细胞、仓鼠肾细胞或鸡胚成纤维细胞，于37℃培养 48～72 小时，可产生细胞病变和蚀斑。

（2）动物试验　无菌取水疱液或水疱皮匀浆上清液，肌内注射成年鼠10 只，每只注射0.5 毫升，观察3～5 天，当10 只成年鼠均发生死亡时，可判定病料含有被检病毒。

4. 类症鉴别

类症鉴别参考表 2-3。

二、防治技术措施

1. 健康猪群防控措施

（1）免疫预防　目前尚无疫苗可用，康复猪能够产生免疫力，并可抵抗同型病毒的感染。

（2）防控措施　精心饲养和护理，禁止从疫区引进种猪，尽力做到自繁自养，严格执行检疫制度。

2. 发病猪群防控、治疗措施

（1）防控措施　一旦发病，要严格隔离病畜，并尽快确诊。疫区应严格封锁，一切用具和污染场所必须彻底消毒。加强个人防护，以防感染发病。

（2）治疗方法 目前无特效疗法，只能对症治疗。如用清水、食醋或0.1%高锰酸钾溶液冲洗口腔，并涂以甘油或用冰硼散撒布，同时应用抗生素以防继发感染。蹄部可用来苏儿洗涤，擦干后涂松馏油或鱼石脂软膏，再用绷带包扎。

第十五节 猪痘

猪痘是由猪痘病毒和痘苗病毒引起的猪的一种急性、热性传染病。其特征是患部皮肤和黏膜发生规律性病变，即红斑、丘疹、水疱、脓疱和结痂。

一、快速诊断及类症鉴别

1. 临床诊断

（1）发病特点 猪痘病毒只引起猪发病，其他动物不发病，1~2个月龄的仔猪、小猪多发，成年猪具有抵抗力；痘苗病毒则能引起猪和其他多种动物发病，通过损伤的皮肤，由猪虱、蚊等虫媒传播。本病常年发病，但在春、秋季发病严重，发病率高，死亡率低。

（2）临床症状 潜伏期为4~7天。病初体温升高，食欲减退，精神沉郁，寒战，眼、鼻有分泌物。在鼻吻、眼睑、腹部、四肢内侧、乳房等处，甚至在全身体表皮肤上出现痘疹（彩图2-18）。病初为圆形红色斑点，而后形成硬固的红色结节样丘疹，凸出于皮肤表面，略呈半球形，表面平整，边缘为浅灰色，随后结成暗棕色痂块，最后脱痂留下白色瘢痕而愈。病程10~15天。猪痘一般没有明显的水疱和脓疱过程。多数为良性经过，病死率在5%左右。

2. 病理学诊断

主要病变为皮肤痘样损伤，继发细菌感染时，损伤更为严重，并形成局部化脓灶。典型的痘疹呈圆形、半球状凸于皮肤表面，痘疹坚硬，表面平整，红色或乳白色，周围有红晕，以后坏死，中央干燥呈黄褐色，稍下陷，最后形成痂皮，痂皮脱落后，可遗留白色疤痕。

3. 病原学诊断

（1）病毒分离培养

鸡胚培养。将经过处理的病料接种鸡胚时，猪痘病毒不能在鸡胚中继代。痘苗病毒能在鸡胚绒毛尿囊膜上增殖，形成直径达3~4毫米的痘斑，中心坏死。

（2）动物接种　鸡和家兔皮肤感染痘苗病毒，在接种处可产生典型的痘疹；而猪痘病毒不能，因其不感染鸡和家兔。将乳猪的耳部和股内侧皮肤划破，涂擦上述病料，如出现痘疹即可确诊。

4. 类症鉴别

（1）与猪口蹄疫、水疱病、水疱性疹的鉴别　四者均表现体温升高，口腔、鼻镜出现水疱等症状。不同点是：口蹄疫、水疱病、水疱性疹传播迅速，水疱只发生在唇、齿龈、口、乳房及蹄部，躯干部不发生。而猪痘的水疱主要发生于躯干的下腹部和四肢内侧。

（2）与猪湿疹的鉴别　两者均在躯干部、胸腹下出现丘疹、水疱、脓疱等症状。不同点是：猪湿疹发病后体温不高，无传染性，丘疹中央无脐状凹陷，有奇痒症状。

二、防治技术措施

1. 健康猪群防控措施

（1）免疫预防　目前尚无商品化的猪痘疫苗，康复猪可获得坚强的免疫力，在常发地区可采用康复猪血清作紧急预防。

（2）防控措施　加强饲养管理，搞好猪舍及环境卫生，保持猪圈和猪体的清洁；消灭猪虱、蚊蝇。引进种猪时，应严格检疫，以防带入传染源。

2. 发病猪群防控、治疗措施

（1）防控措施　一旦发病，应立即隔离，及时治疗。如果病猪数量较多，难以隔开时，要搞好圈舍卫生，加强饲养管理，防止继发感染。

（2）治疗方法　无特效药物。无继发感染时，一般不经治疗即可自愈。为防继发感染，可用0.1%～0.5%高锰酸钾溶液，或1%～2%硼酸溶液，或淡盐水冲洗，然后涂上碘甘油或抗生素软膏。

第十六节　狂犬病

狂犬病是由狂犬病毒引起的一种急性、接触性人畜共患传染病。其特征为兴奋和意识障碍，咬人、咬物，继而出现局部或全身麻痹而死。

一、快速诊断及类症鉴别

1. 临床诊断

（1）发病特点　传染源主要是患病的犬、其他家畜和野生动物，通过患病动物直接啃咬传播。被狂暴期病犬、病畜啃咬过的玻璃片、木片、金属片等刺伤也可能感染发病。创伤的皮肤黏膜接触患病动物的唾液、血液、尿、乳汁也可感染。人和动物感染发病后，病死率100%。

（2）临床症状 潜伏期20～26天，发病后72～96小时死亡。其特征是突然发作，兴奋不安，横冲直撞，不断用鼻掘地，攻击人畜，叫声嘶哑，全身肌肉痉挛，流涎，咬牙，在发作间隙，常隐藏在垫草中，一听到声音便一跃而起，无目的乱跑，呈惊恐状态，最后麻痹死亡。

2. 病理学诊断

本病无特征性病变。尸体消瘦，血液浓稠凝固不良，躯体上常见有咬伤。胃内空虚常有石块、泥土、毛发等。胃肠黏膜充血、出血或溃疡。在大脑海马角、大脑或小脑皮质等处的神经细胞内可检出嗜酸性包涵体-内基氏小体，直径3～20微米不等，呈椭圆形，具有诊断意义。

3. 免疫学诊断

（1）狂犬病毒快速检测 采用狂犬病毒快速检测卡，具体操作参见猪瘟病毒快速检测。检测样品为唾液腺、脑组织悬液或唾液。10分钟判断结果，15分钟后的结果无效。在观察孔内出现2条线时，判为阳性；出现1条线时，判为阴性。

（2）酶联免疫吸附试验检测病毒 检测样品为血清（不含NaN_3）、脑组织。以空白孔调零，在450纳米波长处测各孔吸光值（OD值）。阳性对照孔平均$OD_{450}\geqslant1.00$，阴性对照孔平均$OD_{450}\leqslant0.10$试验成立；临界值为阴性对照孔平均值加0.15。样品$OD_{450}<$临界值判为阴性；样品$OD_{450}\geqslant$临界值判为阳性。

4. 类症鉴别

（1）与李氏杆菌病的鉴别 两者均表现先兴奋后麻痹症状。不同点是：李氏杆菌病与咬伤无关，临床表现为头颈后仰，前后肢张开，呈现典型的观星姿势，口吐白沫，侧卧地上，四肢乱动，常出现吞咽动作，没有攻击性。

（2）与伪狂犬病的鉴别 两者均表现叫声嘶哑和神经症状。不同点是：伪狂犬病无咬伤史，哺乳仔猪多发，表现为兴奋、痉挛、麻痹、意识不清，发病率高，同时常伴有母猪流产，产死胎和木乃伊胎。病猪没有攻击性。

二、防治技术措施

1. 健康猪群防控措施

（1）免疫预防　由于发病率很低，一般不注射疫苗。目前尚无猪用狂犬病的专用疫苗。

（2）防控措施　每年定期给家犬、警犬注射狂犬病疫苗，及时扑杀疯犬、野犬，以防咬伤人畜。

2. 发病猪群防控、治疗措施

（1）防控措施　一旦确诊立即淘汰，尸体焚烧作无害化处理，对患病动物不作剖检。猪一旦被犬咬伤，应立即局部处理，让伤口局部出血，然后用大量清水、0.1%苯扎氯铵、碘酊和硝酸银等消毒药彻底处理伤口，并隔离饲养观察30天。

（2）治疗方法　无特效治疗药物，任何患病动物均无治疗意义。

第十七节　猪轮状病毒病

猪轮状病毒病是由猪轮状病毒引起的猪的一种急性肠道传染病，其特征为仔猪多发，表现厌食，呕吐，下痢，育肥猪、成年猪呈隐性感染。

一、快速诊断及类症鉴别

1. 临床诊断

（1）发病特点　本病多发于晚秋、冬季和早春。各种年龄的猪都易感，8周龄以内的仔猪最易感。日龄越小，发病率越高，发病率一般为50%～80%，病死率低于10%。猪轮状病毒主要存在于病猪的消化道，随粪便排出，污染环境，在成年猪间反复循环感染，长期扎根猪场。

（2）临床症状　病初精神沉郁、食欲不振、不愿走动、呕吐，随后迅速发生腹泻，粪便水样或糊状，呈黄白色、灰色、黑色，有时混有血液、黏液，多在3～7日龄因严重脱水而死亡，10～21日龄的仔猪症状较轻，腹泻数日即可康复。

2. 病理学诊断

肠壁菲薄，半透明，肠内容物呈水样或浆液性灰黄色或灰黑色，空肠和回肠绒毛缩短变平，肉眼也可看出。胃内充满凝乳块和乳汁。有时小肠发生弥漫性出血，肠内容物呈浅红色，肠系膜淋巴结充血、肿大，多呈浆液性淋巴结的变化。显微病变以空肠及回肠的病变最为明显，其特征为绒毛萎缩而隐窝伸长。

3. 分子生物学诊断

利用反转录聚合酶链式反应检测猪轮状病毒，具体操作及结果判定详见表 2-11。

表 2-11 反转录聚合酶链式反应检测猪轮状病毒

操作步骤	详细操作	注意事项
1. 引物设计及合成	上游引物 P1：5-GTATGGTATT-GAATATACCAC-3；下游引物 P2：5-GATCCTGTTGGCCATCC-3，扩增产物大小为 342bp，合成引物用 DEPC ddH_2O 稀释至 20 微摩尔/升，-20℃保存	1. 根据基因文库中轮状病毒 VP7 基因序列，设计了一对引物 2. 扩增引物不宜反复冻融 3. 操作时谨防 RNA 酶污染 4. 及时提取病料的总 RNA，以防组织自溶、腐败而裂解病毒RNA
2. 总 RNA 的提取	取病料 100 毫克，置于研磨器中，加入液氮后研磨成粉状，将粉末转移到 1.5 毫升离心管中。利用 RNA 提取试剂盒制备总 RNA，总 RNA 溶于 DEPC ddH_2O	
3. RT-PCR 扩增	反转录体系 20 微升：5×反转录 buffer 4 微升，10 毫摩尔/升 dNTPs 2 微升，RNA 酶抑制剂 0.5 微升（20 单位/微升），AMV 反转录酶 1 微升（10 单位/微升），RNA 5 微升，加 DEPC 水至 20 微升，混匀，于42℃ 1 小时，于94℃ 3 分钟；取 cDNA 5 微升，依次加入 10×PCR buffer 2.5 微升，$MgCl_2$ 2 微升（15 毫摩尔/升），2.5 毫摩尔/升 dNTPs 2 微升，引物各 1 微升，Taq 酶 0.25 微升（2 单位/微升），加 ddH_2O 至 25 微升。94℃ 45 秒、50℃ 45 秒、72℃ 45 秒，30 个循环；72℃ 7 分钟	
4. 凝胶电泳	取 5 微升扩增产物于 1.2% 琼脂糖凝胶（含 0.5 微克/毫升溴化乙啶），配胶及电泳缓冲液均为 1×TAE（40 毫摩尔/升 Tris-乙酸，1 毫摩尔/升 EDTA，pH 8.0），120 伏电压电泳 30～60 分钟	

（续）

操作步骤	详细操作	注意事项
5. 结果判定	在紫外灯下观察PCR产物在凝胶中的位置，以100bp和1kb DNA Ladder为参照物，出现DNA条带的判定为阳性，未出现DNA条带的判定为阴性	同上

4. 类症鉴别

（1）与猪传染性胃肠炎的鉴别　两者均多发于冬季，各种日龄猪均可感染，临床表现为精神不振、腹泻、脱水。不同点是：猪传染性胃肠炎大猪小猪都发生呕吐、腹泻，出生仔猪死亡率100%，大猪很少死亡。

（2）与猪流行性腹泻的鉴别　两者均多发于冬、春两季，临床上以精神不振、腹泻、消瘦为特征。不同点是：猪流行性腹泻只感染猪，胃内有黄白色凝乳块，而猪轮状病毒病除猪外还可感染其他动物。

二、防治技术措施

1. 健康猪群防控措施

（1）免疫预防

1）猪轮状病毒灭活苗或弱毒双价苗。母猪产前30天肌内注射灭活苗2毫升；仔猪于7日龄、21日龄分别在后海穴注射0.5毫升。或母猪产前5、2周各肌内注射弱毒苗1毫升。

2）猪流行性腹泻、传染性胃肠炎、轮状病毒三联灭活苗。后备母猪基础免疫1次，初产前30天再免1次，以后跟胎免疫，均为产前30天肌内注射4毫升。肉猪在断奶前后各免疫1次，间隔20天。初生仔猪0.5毫升，5~25千克仔猪1毫升，25千克以上猪2毫升，均为肌内注射。

（2）防控措施　使新生仔猪早吃初乳，获得母源抗体的保护，以减少发病和减轻症状。加强饲养管理，保持清洁卫生，经常对猪舍及用具消毒，注意防寒保暖，增强母猪和仔猪的抵抗力。

2. 发病猪群防控、治疗措施

（1）防控措施　发病时立即停止喂乳，内服葡萄糖盐水，同时对症治疗，加强饲养管理，增强母猪和仔猪的抗病力。做好圈舍、场地和用具的卫生消毒工作，减少环境污染。

（2）治疗方法　静脉注射5%~10%葡萄糖盐水和10%碳酸氢钠溶液，每天1次，连用3天。硫酸庆大霉素注射液16万~32万单位，地塞米松 2 ~ 4 毫克，每天肌内注射 1 次，连用 2 ~ 3 天。

第十八节 猪血凝性脑脊髓炎

猪血凝性脑脊髓炎是由血凝性脑脊髓炎病毒（HEV）引起的仔猪的急性、高度传染性疫病。病猪以呕吐、进行性消瘦、中枢神经系统功能障碍及死亡率高为特征。

一、快速诊断及类症鉴别

1. 临床诊断

（1）发病特点 仅猪发病，主要侵害 1 ~ 3 周龄的猪。病毒主要存在于上呼吸道和脑组织，由鼻分泌物排出，经呼吸道和消化道感染，不发生子宫内感染，成年猪呈隐性感染，但可以排毒。严重时仔猪发病率和死亡率可达 100%。本病流行有一定自限性，发生过此病的母猪，以后所产仔猪不再发病。

（2）临床症状

1）呕吐消瘦型。病初猪只体温升高，反复呕吐，仔猪聚堆，弓背，磨牙、精神委顿。个别出现咽喉肌肉麻痹，不能吞咽，口流泡沫样唾液，便秘。随后严重脱水，结膜发绀，昏迷死亡，不死的转为僵猪。

2）脑脊髓炎型。厌食，昏睡，呕吐，便秘，四肢发紫。打喷嚏、咳嗽和磨牙等症状。1 ~ 3 天后出现中枢神经系统障碍，知觉过敏，对声响和触摸表现过敏，发出尖叫声，共济失调，后肢麻痹呈犬坐姿势，倒地后四肢呈游泳状划动，呼吸困难，眼球震颤，失明，死前不久昏迷，病程 10 天，病死率几乎 100%。

2. 病理学诊断

肉眼病变不明显，诊断意义不大。某些脑脊髓炎病例呈现轻度的卡他性鼻炎。消瘦型，肺呈慢性间质性支气管炎，肺泡上皮肥厚，肺气肿。某些呕吐消耗病例，仅见胃肠炎变化。组织学检查可看到非化脓性脑脊髓炎的病变。

3. 免疫学诊断

琼脂扩散试验 制琼脂糖平板后打孔，中央孔与周围孔距为 3 毫米。向中央孔滴加 HEV 抗原。周围孔分别滴加待检血清、阳性和阴性对照血清，于 25℃扩散 24 ~ 48 小时观察结果。当抗原与待检血清出现特异性沉淀线，且其与阳性对照血清产生的沉淀线一致时判为阳性，不出现沉

淀线时判为阴性。

4. 病原学诊断

（1）血凝抑制试验 猪感染后7天产生抗体，2~3周达到高峰。因此，从发病仔猪的母猪或同窝存活仔猪采血制备血清，进行血凝抑制试验可获得较好的诊断结果。在对照各孔成立的前提下进行结果判定。

（2）动物试验 取病猪脑组织做成无菌乳剂，离心后取上清液，腹腔或皮下接种幼龄小鼠，可引起小鼠麻痹致死。

5. 类症鉴别

（1）与猪传染性胃肠炎的鉴别 两者均表现食欲不振、体温升高、呕吐、消瘦等症状。不同点是：猪传染性胃肠炎除表现呕吐和消瘦外，还可见到水样腹泻，不表现神经症状。两种病毒均能在猪肾细胞内生长，猪血凝性脑脊髓炎病毒可形成多核合胞体、产生血细胞凝集素，而猪传染性胃肠炎病毒不能。前者不常引起腹泻，肠绒毛无特征性病变；后者严重腹泻，肠绒毛可见特征性病变，无神经症状。

（2）与伪狂犬病的鉴别 两者均表现体温升高，运动失调，站立不稳，痉挛等症状，不同点是：伪狂犬表现的神经症状多发于2~3日龄的仔猪，在同群妊娠母猪中还可见到流产，产死胎、木乃伊胎。

（3）与猪传染性脑脊髓炎的鉴别 两者均表现体温升高，运动失调，站立不稳，痉挛等症状，不同点是：猪传染性脑脊髓炎多发于4~5周龄仔猪，发病症状为四肢僵硬，前肢前移，后肢后移，不能站立，肌肉抽搐，惊厥常持续24~36小时。成年猪多呈隐性感染。

二、防治技术措施

1. 健康猪群防控措施

（1）免疫预防 目前无有效疫苗，母猪感染2~3周后，产出的仔猪可通过母源抗体获得保护。

（2）防控措施 加强检疫，定期进行血清学调查，防止引进病猪。

2. 发病猪群防控、治疗措施

（1）防控措施 一旦发生本病，应及早诊断，隔离或淘汰病猪，停止猪只的调拨，加强消毒，防止病情扩大蔓延。对发病地区，维持母猪的感染状态可以避免仔猪发病，可在母猪产前2~3周，进行人工感染血凝性脑脊髓炎病毒，仔猪可通过母乳抗体获得保护。

（2）治疗方法　目前尚无特效药物，对于发病仔猪，可通过注射超免血清得到保护。

第十九节　猪脑心肌炎

猪脑心肌炎是脑心肌炎病毒引起的猪和多种动物的急性、致死性自然疫源性传染病，其特征为急性心肌炎、脑炎、心肌周围炎。此病人也易感，但大多数不表现临床症状。

一、快速诊断及类症鉴别

1. 临床诊断

（1）发病特点　哺乳仔猪的易感性最高，一旦发病，同窝或同圈的猪都可感染死亡。断奶仔猪感染后多呈亚临床感染，病死率不高；妊娠母猪感染后，既可经胎盘垂直感染胎儿，又可经母乳传给胎儿，病毒主要存在心肌、肝脏、脾脏中。带毒鼠是主要传染源，可经消化道感染。

（2）临床症状

1）最急性型。病猪常在无任何前期症状的情况下突然死亡，或经短时间兴奋虚脱死亡。

2）急性型。病猪可见短时间的发热，精神沉郁，减食或停食，有的猪表现震颤，步态蹒跚，呕吐，呼吸困难，或表现进行性麻痹。往往在吃食或兴奋时突然倒地死亡。断奶仔猪和成年猪多表现为亚临床感染。1 ~2 月龄仔猪病死率最高，可达 80% ~100%。母猪在妊娠后期可发生流产、死产、产弱仔和木乃伊胎。

2. 病理学诊断

胸、腹腔和心包积液，并含有少量纤维蛋白。心脏软而苍白，明显的心肌炎和心肌变性，心肌有不连续的白色或灰黄白色区，右心室扩张，心肌弥漫性灰白色，心室肌可见许多散在的白色病灶，有的呈纹状、圆形。肺部常见充血和水肿。

3. 病原学诊断

动物试验。无菌取病猪的心肌或脾，用 PBS 液 1∶10 稀释后匀浆，离心后取上清液，腹腔接种小鼠 5 只，观察 3 ~5 天，如出现小鼠后腿麻痹而死，剖检又见心肌炎和脑炎病变，即可确诊。

4. 分子生物学诊断

RT-PCR 检测猪脑心肌炎病毒，具体操作及结果判定详见表 2-12。

5. 类症鉴别

(1) 与猪水肿病的鉴别　两者均表现发病突然，步态不稳等症状，不同点是：猪水肿病的病原为大肠杆菌，多在断奶前后、膘情好的仔猪中发病，以脸部和眼部水肿、胃底部肌层和黏膜层有大量透明的胶冻样液体为特征。

表 2-12　反转录聚合酶链反应检测猪脑心肌炎病毒

<table>
<tr><th>操作步骤</th><th>详细操作</th><th>注意事项</th></tr>
<tr><td>1. 引物设计及合成</td><td>上游引物 P1：5-GGTGAGAGCAAGC-CTCGCAAAGACAG-3；下游引物 P2：5-CCCTACCTCACGGAATGGGGCAAAG-3，扩增片段长度为 286bp，合成引物用 RNase-free 水稀释至 20 微摩尔/升，于 −20℃保存</td><td rowspan="5">1. 根据基因文库中 EMCV 非结构蛋白 3D 基因序列，设计了一对引物
2. 扩增引物不宜反复冻融
3. 操作时谨防 RNA 酶污染
4. 及时提取制备病料的总 RNA，以防组织自溶、腐败而裂解病毒 RNA</td></tr>
<tr><td>2. 总 RNA 的提取</td><td>取病料 100 毫克，置于研磨器中，加入液氮研磨成粉状，将粉末转移到 1.5 毫升离心管中。利用 RNA 提取试剂盒制备总 RNA，总 RNA 用 RNase-free 水溶解</td></tr>
<tr><td>3. RT-PCR 扩增</td><td>反应体系为25 微升：10×RT-PCR Buffer 2.5 微升，5×RT Enhancer Buffer 5 微升，dNTPs（10 毫摩尔/升）1 微升，RNasin（40 单位/微升）0.25 微升，Taq 酶（2.5 单位/微升）1.25 微升，Quant RTase 0.25 微升，引物各 1 微升，RNA 模板 5 微升，ddH_2O 2.75 微升。反应程序：50℃ 30 分钟、94℃ 2 分钟；94℃ 30 秒、56℃ 30 秒、65℃ 30 秒，30 个循环；65℃ 8 分钟</td></tr>
<tr><td>4. 凝胶电泳</td><td>取 5 微升扩增产物于 1.2% 琼脂糖凝胶（含 0.5 微克/毫升溴化乙啶），配胶及电泳缓冲液均为 1×TAE（40 毫摩尔/升 Tris-乙酸，1 毫摩尔/升 EDTA，pH 8.0），120 伏电压电泳 30～60 分钟</td></tr>
<tr><td>5. 结果判定</td><td>在紫外灯下观察 PCR 产物在凝胶中的位置，以 100bp 和 1kb DNA Ladder 为参照物，出现 DNA 条带的判定为阳性，未出现 DNA 条带的判定为阴性</td></tr>
</table>

(2) 与猪血凝性脑脊髓炎 两者均表现步态不稳，后肢麻痹，呼吸困难等症状，不同点是：猪血凝性脑脊髓炎多见于2周龄以内的哺乳仔猪，初厌食，后昏睡、呕吐、便秘，常堆聚、打喷嚏、咳嗽、磨牙。对响声和触摸敏感、尖叫。病毒接种于猪胎肾原代单层细胞，可见融合细胞形成。

二、防治技术措施

1. 健康猪群防控措施

(1) 免疫预防 目前国内尚无有效疫苗。

(2) 防控措施 注意防止野生动物，特别是啮齿类动物进入猪场，一旦发现要彻底消灭，防止其偷食或污染饲料与水源。

2. 发病猪群防控、治疗措施

(1) 防控措施 一旦发病，应立即隔离消毒，病死动物要迅速无害化处理，被污染的圈舍场地应用含氯消毒剂彻底消毒，以防止人的感染。在发病猪场，可采用病料组织制备自家灭活苗或应用细胞培养增殖病毒，甲醛灭活后制备成油乳剂苗。母猪皮下或肌内注射5毫升。

(2) 治疗方法 目前尚无特效治疗药物，只能对症治疗。

第二十节 猪传染性脑脊髓炎

猪传染性脑脊髓炎又称猪捷申病，是由传染性脑脊髓炎病毒侵害中枢神经系统的一种传染病。其特征为共济失调，肌肉抽搐，四肢麻痹及中枢神经系统紊乱。

一、快速诊断及类症鉴别

1. 临床诊断

(1) 发病特点 本病仅见于猪，各种猪均有易感染性，4~5周龄猪易感性最强，成年猪多呈隐性感染。此病由消化道和呼吸道传播。在新疫区常呈暴发式，逐渐蔓延全群，老疫区常为散发。

(2) 临床症状

1）急性型。病初体温升高、厌食、倦怠、呕吐、腹泻。1~2天后，体温降至正常，出现神经症状，如感觉过敏、寒战、共济失调、抽搐、四肢僵直、角弓反张和昏迷，接着发生麻痹，病猪呈犬坐姿势或于一侧卧地，前肢作划水样，受声响或触摸刺激时，可引起四肢不协调的运动，也可见面部麻痹和失音。出现症状后3~4天死亡，致死率50%~60%。

2）慢性型。多发于成年猪，病程为几周到几个月，特征为沉郁、

行动困难、尾部麻痹、前肢瘫痪。其中有 20% 的病猪因肺炎、褥疮、败血症等原因而死亡。

2. 病理学诊断

鼻黏膜充血，脑膜及脑实质血管高度扩张充血，脑膜水肿，心内、外膜条状或点状出血，心肌脂肪变性，肺水肿，胃肠卡他性出血性炎症，肠系膜瘀血，肝、脾充血，膀胱充满尿液，心肌、骨骼肌轻度萎缩。小脑灰质和脊髓腹角神经细胞变性、坏死，细胞质内可见嗜酸性包涵体。神经胶质细胞增生、聚集，并有明显的噬神经现象。血管周围大量淋巴细胞、浆细胞、胶质细胞浸润形成"管套"。

3. 免疫学诊断

免疫荧光抗体检测病毒 取病猪脑脊髓组织制成压印片或冰冻切片，用猪传染性脑脊髓炎荧光标记抗体染色，1～2 小时即可得出结果。

4. 类症鉴别

（1）与猪血凝性脑脊髓炎的鉴别 两者均有体温升高，哺乳仔猪易感性强，成年猪呈隐性感染，具有神经症状。不同点是：猪血凝性脑脊髓炎表现消瘦、呕吐等症状，对鸡、大鼠、小鼠、仓鼠及火鸡的红细胞有凝集和吸附作用，而传染性脑脊髓炎不表现消瘦、呕吐症状，对上述动物的红细胞无凝集和吸附能力。

（2）与伪狂犬病的鉴别 两者均表现体温升高、仔猪易感、共济失调、痉挛、站立不稳、角弓反张等神经症状。不同点是：伪狂犬病母猪流产，产死胎和无生活力的弱仔，临床表现呕吐、腹泻、口吐白沫、四肢呈游泳状划动，最后衰竭死亡。而传染性脑脊髓炎小猪和架子猪易感性高，对轻微刺激产生强烈的反应，母猪不流产。

（3）与猪乙型脑炎的鉴别 两者均表现体温升高，有神经症状。不同点是：猪乙型脑炎在蚊蝇滋生的 7～9 月多发，公猪发生睾丸炎，育肥猪持续高热。猪传染性脑脊髓炎仔猪比成年猪易感，母猪不发生流产，公猪不发生睾丸炎。

二、防治技术措施

1. 健康猪群防控措施

（1）免疫预防 目前国内尚无有效疫苗。国外现用疫苗有弱毒疫苗和灭活疫苗，但保护率低。自家灭活苗免疫效果不理想。

（2）防控措施 加强饲养管理，搞好圈舍及用具的消毒，做好血清学调查和抗体检测，及时了解猪群健康状况。加强口岸检疫，禁止从国外引进带毒猪。若发现有疑似本病时，确诊后应立即封锁，就地扑杀。

2. 发病猪群防控、治疗措施

（1）防控措施 猪群发病时必须迅速确诊，扑杀病猪或全群淘汰，对群内假定健康猪实行严格隔离和观察，及时清除疑似病猪，对其他未感染的健康猪群实行严格封锁，加强消毒。

（2）治疗方法 无特效疗法，可在加强护理和营养的基础上进行对症治疗，但效果不理想。也可用康复猪血清治疗。

第二十一节 猪肠道病毒感染

猪肠道病毒感染是由猪肠道病毒引起的猪的各种临床综合征的总称，其发病具有多样性，如下痢、肺炎、心肌炎、心包炎、流产、死产、产木乃伊胎、不孕症等。此病毒共有11个血清型。

一、快速诊断及类症鉴别

1. 临床诊断

（1）发病特点 病毒主要存在于肠道，经粪便排出后污染环境，经消化道或呼吸道传播，幼仔猪的易感性最强。猪是猪肠道病毒的唯一宿主，各年龄的猪均易感，多为散发，能经胎盘感染胎儿。在猪群中可同时流行几个血清型的病毒。初乳被动免疫可使仔猪得到保护。成年猪抗体阳性率和血清抗体效价很高，极少排泄病毒，大多数猪感染后不表现临床症状。

（2）临床症状

1）繁殖障碍型。多发生于刚引进的母猪群，妊娠15天的母猪感染，胎儿多被吸收，产仔减少；妊娠30～45天感染，胎儿死亡率为20%～50%，死亡的胎儿呈现腐败、木乃伊或新鲜尸体，有些新生仔猪表现畸形和水肿，虚弱的仔猪多在5天内死亡，但产仔母猪常无症状。

2）下痢型。表现轻微下痢。

3）肺炎型。表现呼吸加快、咳嗽、喷嚏、食欲减少、精神沉郁等。

4）心肌炎和心包炎型。往往出现突然死亡。

5）脑脊髓炎型。表现发热、共济失调，甚至角弓反张，多在3～4天死亡。

2. 病理学诊断

1）繁殖障碍型。死胎的皮下和肠系膜（尤其大肠系膜）水肿，胸

腔和心包积液，脑膜和肾皮质可见小出血点。

2）肺炎型。肺尖叶、心叶和中间叶有灰红色实变区，肺泡及支气管内有渗出液。

3. 类症鉴别

（1）与猪乙型脑炎的鉴别　两者均表现产死胎、木乃伊胎等症状。不同点是：猪乙型脑炎发生在蚊、蝇滋生的季节，表现体温升高，有神经症状，公猪睾丸炎。而猪肠道病毒感染的母猪、后备猪则不出现临床症状。

（2）与伪狂犬的鉴别　两者均表现产死胎、木乃伊胎等症状。不同点是：伪狂犬病病猪体温升高，1 周龄内仔猪发病率高，有神经症状。

（3）与猪轮状病毒病的鉴别　两者均表现下痢等症状。不同点是：猪轮状病毒病的感染率高达 90%～100%，仔猪出现呕吐症状。

二、防治技术措施

目前尚无有效的治疗药物和预防用疫苗。防控措施主要是加强饲养管理，提高猪群的基础免疫力，搞好圈舍及用具的消毒，做好血清学调查和抗体检测，及时了解猪群健康状况。

第二十二节　猪包涵体鼻炎

猪包涵体鼻炎又称猪巨细胞包涵体病、巨细胞病毒感染，是猪细胞巨化病毒引起的仔猪的一种以鼻炎症状为特征的传染病。

一、快速诊断及类症鉴别

1. 临床诊断

（1）发病特点　病猪和带毒猪是主要传染源，以 2 周龄仔猪易感性最强，特别是在诱发因子（如嗜血杆菌和波氏杆菌）存在时，机体的抵抗力降低，仔猪常呈暴发式流行。此病主要经口鼻和胎盘传播。

（2）临床症状　成年猪仅在毒血症阶段才表现厌食、倦怠，妊娠母猪在妊娠期除引起胎儿感染死亡、流产外，无其他临床症状。新生仔猪出生后，看不到临床症状就突然死亡。5～10 日龄的仔猪感染后一般呈急性经过。初期表现流泪，打喷嚏，鼻孔流浆液性分泌物，后期因鼻塞而呼吸困难，精神沉郁，厌食，消瘦，麻痹死亡。4 月龄以上被感染猪无明显临床症状。

2. 病理学诊断

鼻腔黏液增多，全身皮下组织、喉头、跗关节周围皮下显著水肿，肺水肿，肺的尖叶、心叶可见肺炎灶，胸腔和心脏周围有渗出液。淋巴结和肾脏肿大、出血，肾脏外观呈斑点状或完全发紫。采取鼻黏膜作组织染色检查，包涵体呈“鹰眼形”位于鼻黏膜内肿大细胞的胞核内。在支气管上皮细胞、唾液腺上皮细胞、泪腺上皮细胞、输尿管上皮细胞、副肾皮质细胞及淋巴结血管内皮细胞中均有包涵体存在。

3. 病原学诊断

病毒分离培养，取病猪鼻黏膜，经含青、链霉素缓冲液洗涤、剪碎、研磨，制成1∶10的组织悬液，经低速离心，取上清接种于猪胎肺巨噬细胞，培养3~5天后，感染细胞增大到正常细胞的6倍左右，可看到大的嗜碱性核内包涵体。

4. 类症鉴别

（1）与猪萎缩性鼻炎的鉴别　两者均表现打喷嚏、鼻塞，鼻孔流黏性、脓性分泌物，鼻甲骨变形等症状。不同点是：猪萎缩性鼻炎以6~8周龄仔猪易感，3月龄以上的猪感染后症状不明显，发病严重时虽然鼻甲骨萎缩，呼吸困难，生长停滞，但死亡率不高。

（2）与猪坏死性鼻炎的鉴别　两者均发生于仔猪，鼻孔流脓性分泌物。不同点是：坏死性鼻炎的鼻黏膜呈黄白色，出现溃疡面。

二、防治技术措施

目前尚无有效疫苗和治疗药物，应加强饲养管理，注意引进猪的检疫，认真消毒，保持猪舍环境卫生。当猪场暴发此病时，仅可对症治疗或控制细菌病的继发感染。

第二十三节　仔猪先天性震颤

仔猪先天性震颤又称先天性痉挛、仔猪跳跳病，是由震颤病毒引起的仔猪全身或局部肌肉阵发性痉挛的一种疫病。

一、快速诊断

1. 临床诊断

（1）发病特点　本病仅发于仔猪，受感染的母猪在妊娠期间不表现临床症状，多呈隐性感染。其特点是：母猪若生过一窝发病仔猪，则以后生的几窝仔猪均不发病。在同一感染猪群中，产仔季节早期出生的仔猪症状最为严重，后期出生的仔猪症状逐渐变轻。有学者认为，母猪妊娠期间接种猪瘟疫苗，饲料中无机盐缺乏，钙、磷比例失调，可促使本病的发生。

（2）临床症状　患病仔猪出生后立即表现震颤，全身肌肉剧烈抽搐，头部、四肢、尾部有节奏的阵发性痉挛，后肢无力。仔猪的症状轻重不一，若全窝仔猪发病，则症状严重，若一窝中只有部分仔猪发病，则症状较轻。轻的仅见耳、尾抖动，重的全身肌肉剧烈抽搐，整个躯体和头部强烈抖动，呈现不断地、有节奏地跳跃。尤其当仔猪站立时震颤明显，一旦躺卧后即减轻乃至停止，入睡时完全消失。仔猪再爬起来时，震颤又再度出现，外界因素刺激时可加重症状。患病较轻的仔猪，一般可以存活，在2~8周恢复。严重的患猪常因吸吮不到乳汁而死亡。

仔猪先天性震颤

2. 病理学诊断

无肉眼可见的明显病变。如对中枢神经作组织学检查，可见脑血管周围间隙，特别是脑基部充血、出血。

二、防治技术措施

目前尚无有效疫苗和治疗药物。硫酸镁在缓解此病症状方面有一定的效果，可降低死亡率。同时应加强饲养管理，猪舍应保持温暖、干燥和清洁，减少应激因素，最好能使患病仔猪尽早吃上乳汁，以降低死亡率，发病康复仔猪不能作种猪使用。应避免妊娠母猪与病猪接触。

第二十四节　猪蓝眼病

猪蓝眼病是由副黏病毒引起的猪的一种传染病，由于角膜混浊而导致瞳孔呈浅蓝色，故名蓝眼病。临床表现为中枢神经系统紊乱、角膜混浊和繁殖障碍。

一、快速诊断及类症鉴别

1. 临床诊断

（1）发病特点　自然条件下，只有家猪发病。兔、猫和野猪感染后不发病，但可产生抗体。隐性感染猪是病毒的主要传染源，经呼吸道传播。康复猪其病毒抗体可持续终生。在感染猪场中本病呈周期性发生，主要在易感的后代和新引进的易感猪群中暴发。

（2）临床症状

1）2~15日龄仔猪最易感，表现突然倒地、侧卧或出现神经症状。

病初发热、弓背，继而共济失调、虚脱、强直、肌肉震颤、姿势异常。驱赶时，有的病猪表现异常亢奋，发出尖叫，或划水样行走。部分病猪有结膜炎、眼睑水肿、流泪和黏附分泌物。病猪呈单侧或双侧性角膜混浊，仅有角膜混浊而无其他症状者可自然康复。最先发病的仔猪常在48小时内死亡，而后发病者经4~6天才死亡。发病期间所产仔猪有20%~65%可被感染，病死率可高达90%。死亡可持续2~9周。

2）母猪表现正常，个别母猪食欲稍有下降、角膜混浊。妊娠母猪繁殖障碍持续2~11个月。返情率增加，产仔率降低，断奶和配种间隔延长。死胎和木乃伊胎增多，在急性暴发期间，一些母猪有流产现象。后备母猪和其他成年猪偶尔有角膜混浊。公猪单侧性睾丸增大，14%~40%的公猪繁殖力降低，睾丸萎缩并伴有附睾硬化。

2. 病理学诊断

无特征性眼观病变，仅见肺心叶及腹侧有轻度的肺炎变化。仔猪有中度胃、膀胱扩张，腹腔积有少量混有纤维素样的液体，脑充血，脊液增多，常见单侧性结膜炎、结膜水肿和不同程度的角膜混浊。公猪睾丸和附睾肿大。

3. 免疫学诊断

病毒中和试验

1）病料处理。将病死猪大脑或扁桃体用无菌生理盐水制成1∶10悬液，每毫升加双抗2000单位，置于4℃冰箱中浸毒6小时，离心后取上清液。上清液分为A和B两份，分别加入猪蓝眼病标准阳性血清和生理盐水，分别置于37℃温箱中作用1小时。

2）细胞接种。将处理后的病料分别接种PK-15传代细胞，每孔加30微升，并设空白对照。每孔加入150微升细胞维持液，于37℃培养48~72小时，空白对照孔和A试验孔均无细胞病变，B孔出现细胞病变时，判为阳性；空白对照孔无细胞病变，A试验孔和B孔有细胞病变时，判为阴性。

4. 类症鉴别

（1）与伪狂犬病、细小病毒病、猪繁殖与呼吸综合征的鉴别 四者均表现流产，产死胎、木乃伊胎等症状。不同之处是：患猪蓝眼病、伪狂犬病、细小病毒病的产仔母猪均无临床症状，而猪繁殖与呼吸综合征产仔母猪表现有临床症状，猪蓝眼病引起角膜混浊和公猪睾丸炎及附睾炎，睾丸萎缩。

(2) 与猪乙型脑炎的鉴别　两者均表现流产，产死胎、木乃伊胎症状，产仔母猪无临床症状，公猪睾丸炎及附睾炎，睾丸萎缩。不同之处是：猪蓝眼病引起角膜混浊，导致瞳孔呈浅蓝色。

二、防治技术措施

1. 健康猪群防控措施

(1) 免疫预防　目前国内尚无商品化的疫苗。

(2) 防控措施　加强饲养管理，搞好圈舍及用具的消毒，做好血清学调查和抗体检测，及时了解猪群健康状况。加强口岸检疫，禁止从国外引进带毒种猪。

2. 发病猪群防控、治疗措施

(1) 防控措施　猪群发病时，封锁猪场，彻底消毒，扑杀感染猪，无害化处理死亡猪。

(2) 治疗方法　无特效治疗方法。对症疗法疗效不理想。

第二十五节　猪博卡病毒病

猪博卡病毒病是由猪博卡病毒引起猪的以腹泻为主要症状的传染性疫病，主要发生于产房哺乳仔猪，哺乳仔猪死亡率达70%以上。本病为新近发现的传染病。

一、快速诊断

1. 临床诊断

(1) 发病特点　猪是已知猪博卡病毒唯一的易感动物。病猪和带毒猪是其主要传染源，不同年龄、性别的家猪和野猪均可感染。

(2) 临床症状　病猪表现支气管炎、肺炎、急性或慢性胃肠炎症状，引发流产，产死胎。哺乳仔猪多在2～3日龄出现剧烈腹泻，排浅绿色、黄绿色或灰白色水样粪便，迅速脱水消瘦，精神沉郁，被毛粗乱，少食或不食，部分仔猪表现呕吐，多数于5～7天内死亡，10日龄以内的仔猪死亡率高达50%～80%，随日龄的增加死亡率降低。由呼吸道与消化道传播。

2. 病理学诊断

病死猪尸体消瘦，脱水，胃黏膜充血，有时有出血点，小肠黏膜充血，肠壁变薄无弹性，内含水样稀便，肠系膜淋巴结肿胀。

3. 分子生物学诊断

利用聚合酶链反应（PCR）检测猪博卡病毒，具体操作详见表2-13。

表 2-13　聚合酶链反应检测猪博卡病毒

操作步骤	详细操作	注意事项
1. 引物设计及合成	上游引物：5-AGGCCTACGCCAT-CAGCAGCATC-3'；下游引物：5-TC-CCRCCTGCCAGGGATTGT-3'，预扩增片段大小为482bp。合成引物用双蒸水稀释至20微摩尔/升，-20℃保存	1. 根据基因文库中发表的猪博卡病毒NS1基因序列，通过引物设计软件分析设计引物 2. 扩增引物不宜反复冻融 3. 及时提取制备病料的总DNA，以防组织自溶、腐败而裂解病毒DNA
2. 总DNA的提取	取病料100毫克，置于研磨器中研磨，将粉末转移到1.5毫升离心管中。利用DNA提取试剂盒制备病料总DNA，总DNA用ddH_2O溶解	
3. PCR扩增	反应积系50微升：DNA模板4微升，ExTaq 1微升（5单位/微升），10×PCR缓冲液5微升，引物各1微升，dNTPs 2微升，加ddH_2O至50微升，反应程序：94℃ 5分钟；94℃ 30秒、58℃ 30秒、72℃ 60秒，30个循环；72℃ 7分钟	
4. 凝胶电泳	取5微升扩增产物于1.2%琼脂糖凝胶（含0.5微克/毫升溴化乙啶），配胶及电泳缓冲液均为1×TAE（40毫摩尔/升Tris-乙酸，1毫摩尔/升EDTA，pH 8.0），120伏电压电泳30~60分钟	
5. 结果判定	在紫外灯下观察PCR产物在凝胶中的位置，以100bp和1kb DNA Ladder为参照物，出现DNA条带的判定为阳性，未出现DNA条带的判定为阴性	

二、防治技术措施

1. 健康猪群防控措施

（1）免疫预防　目前尚无商品化的疫苗。

（2）防控措施　加强饲养管理，搞好消毒工作，严格控制种猪引进，加强检疫，消除诱发因素。

2. 发病猪群防控、治疗措施

（1）防控措施　发病猪场应做好母猪返饲。该法效果良好，即采集

病猪的肠内容物或新鲜粪便，研磨后加水浸泡30分钟，加入适量抗生素类药物（如阿莫西林），过滤后与饲料搅拌均匀，对产前6周以内的母猪进行饲喂，每天1次，连续饲喂3～4天，3周后再重复1次。

发病猪场在仔猪出生1～2天内，每头分别肌内注射长效头孢噻呋晶体注射液0.2毫升、右旋糖苷铁1～2毫升，可增强仔猪抵抗力，明显降低仔猪死亡率。

（2）治疗方法

1）干扰疗法。15日龄内乳猪肌内注射鸡新城疫疫苗50羽份，15日龄以上至10千克仔猪注射100羽份。

2）对症治疗。腹腔注射5%葡萄糖生理盐水200～300毫升、5%碳酸氢钠注射液30～50毫升，每天1次，连用2～4天。

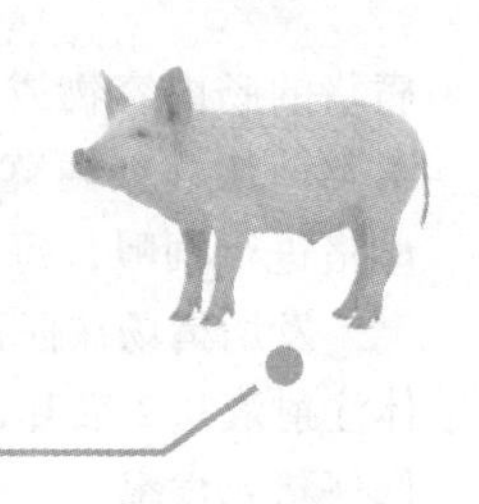

第三章 猪细菌性疾病

第一节 仔猪黄痢

仔猪黄痢又称早发性大肠杆菌病，是由致病性大肠杆菌引起的初生仔猪的一种急性、高致死性常见肠道传染病。其特征为剧烈腹泻、排黄色或黄白色液状粪便，迅速死亡。

一、快速诊断及类症鉴别

1. 临床诊断

（1）发病特点 7日龄以内仔猪，尤其是1~3日龄仔猪发病率高。7日龄以上很少发病，头胎母猪所产仔猪发病最严重，随着胎次的增加，仔猪发病逐渐减轻。窝内仔猪发病率高达90%以上，一般不低于50%，致死率很高，有时整窝发病，整窝死亡。仔猪通过哺乳或舔食母猪的皮肤而感染。育肥猪、成年猪不发病，发病没有季节性，多发于产仔时期。

（2）临床症状 仔猪出生后体质健壮，无明显症状，12小时后突然有1~2头表现吃奶无力，呈昏迷状态，且很快死亡。随后同窝仔猪相继腹泻，排出黄色、黄白色、灰黄色带气泡的水样稀便，具腥臭味，肛门发红松弛，粪便沾污尾根、会阴、后肢。捕捉时鸣叫挣扎，排粪失禁。停止吃奶，极度消瘦，喜欢喝水，眼球下陷，皮肤失去弹性，最终因心力衰竭、虚脱、昏迷而死亡。

2. 病理学诊断

肌肉苍白，颈部、腹下水肿，胃内充满凝乳块，胃黏膜和浆膜充血、出血、水肿，肠腔充满黄色、黄白色带腥臭的内容物，肠黏膜肿胀、充血或出血，肠系膜淋巴结充血、肿大、切面多汁。心脏、肾脏表面有坏死灶。

3. 病原学诊断

（1）病原菌的分离与鉴定　从病猪的小肠前部采取内容物，在麦康凯琼脂培养基上划线培养18～24小时，挑取红色菌落，接种于血液琼脂培养基上，培养18～24小时，致病性大肠杆菌则部分出现溶血现象，挑取上述菌落，分别同O、K多价血清做平板凝集试验，对于凝集菌落可与K和O分型血清作玻片凝集进行血清型分类，或用单克隆抗体进行血清学鉴定，如为致病性血清型即可确诊。

（2）吸附因子的显微镜检　将回肠前段反复用无菌生理盐水冲洗，用接种环从黏膜取材做细菌涂片，染色镜检，阳性者在片中每个视野均可发现大量大肠杆菌。如果没有吸附因子则大肠杆菌被冲洗干净，视野中基本没有细菌，因此查出大肠杆菌的吸附因子，一般就证明是致病菌。

4. 类症鉴别

（1）与仔猪白痢的鉴别　两者均表现有腹泻的症状。不同点是：仔猪白痢以10～30日龄的仔猪多发，排出乳白色、灰白或黄白色，具有腥臭味浆状、糊状的粪便，很少引起死亡。而仔猪黄痢以7日龄以内，尤其1～3日龄仔猪多发，排出黄色、黄白色、灰黄色带气泡的水样稀便，发病率和死亡率均高。

（2）与猪梭菌性肠炎（仔猪红痢）的鉴别　两者均表现有拉稀的症状。不同点是：仔猪红痢的粪便带有血液，呈红褐色，并含有坏死组织碎片。腹腔内液体增多，呈红色；腹膜纤维素性炎症并和小肠粘连，空肠全部呈红色，发硬，有特殊纹理，肠内充气，肠系膜内有小气泡。取肠内容物加等量灭菌生理盐水，混匀后离心，取上清液0.2～0.5毫升，静脉注射于体重20克的小鼠，可使小鼠迅速死亡，致病菌为C型或A型魏氏梭菌。

（3）与仔猪副伤寒的鉴别　两者均表现有腹泻的症状。不同点是：仔猪副伤寒多发于2～4月龄的仔猪，粪便中混有血液、伪膜，肠道有糠麸样病变，注射过仔猪副伤寒菌苗的猪很少发病。

（4）与猪传染性胃肠炎的鉴别　两者均表现有水样腹泻。不同点是：猪传染性胃肠炎发生于各种大小的猪只，一旦发病，迅速波及全群，10日龄以内的仔猪发病率和致死率最高，其他日龄的猪大多数能自然康复。其特征为呕吐，频繁水样腹泻，明显脱水；小肠壁菲薄，肠管扩大，黏膜变性，绒毛萎缩。

二、防治技术措施

1. 健康猪群防控措施

（1）免疫预防

1）K88、K99、987P 三价灭活苗。母猪在产仔前 40 天、15 天各肌内注射 5 毫升。

2）K88、K99 双价灭活苗。母猪在产前 21 天肌内注射 2 毫升，仔猪通过吮吸初乳获得保护。

3）K88、LTB 双价基因工程活菌苗。母猪产前 15～25 天内服 500 亿个活菌免疫，即将每头份菌苗与 2 克小苏打一起拌入少量精饲料中空腹饲喂，然后再做常规喂食；或在母猪产前 10～20 天，肌内注射 100 亿个活菌。疫情严重的猪场，在产前 7～10 天再加强免疫 1 次。仔猪用量为母猪的 1/20。

（2）防控措施 加强饲养管理，做好产房及母猪的清洁卫生和护理，母猪产仔前 2 天或产仔结束时用 0.3% 高锰酸钾溶液将猪圈彻底消毒一次，也可在母猪配种后和产前 10 天肌内注射 0.1% 亚硒酸钠溶液 5 毫升。

2. 发病猪群防控、治疗措施

（1）防控措施 加强饲养管理，坚持每天消毒，保持圈舍的洁净。用 0.1% 高锰酸钾溶液擦拭乳房、乳头及皮肤，然后再让仔猪吃乳，或将北里霉素用冷开水配成 50% 的溶液，涂抹乳头，每天 2 次。仔猪产后 12 小时内开始用药，如止痢宁、泻痢停等，全窝仔猪头头应用，连用 3～5 天。新生仔猪在未吃乳前内服 0.5～1 毫升非致病性大肠杆菌培养物或内服 3～5 毫升多价菌毛抗原，或内服调痢生 50 毫克/千克体重。

（2）治疗方法 肌内注射硫酸卡那霉素每次 50 万单位或诺氟沙星 0.2 克，每天 3 次，连用 2 天。复方氯化钠注射液 25 毫升、50% 葡萄糖注射液 20 毫升、5% 碳酸氢钠注射液 10 毫升，维生素 C 1 克混合后，取 10 毫升内服或腹腔注射，每天 2 次。庆大霉素注射液，一次肌内注射 8 万单位，每天 2 次，连用 3 天。对严重病例，可用“腹泻康”与氧氟沙星注射液混合，一次肌内注射 3～5 毫升。

第二节 仔猪白痢

仔猪白痢是由致病性大肠杆菌引起的仔猪的一种以排泄乳白色或灰

白色带有臭味的浆状、糊状粪便为特征的腹泻病。

一、快速诊断及类症鉴别

1. 临床诊断

（1）发病特点 本病多发于10~30日龄的仔猪，3日龄以内及30日龄以上的仔猪很少发病。饲养管理不良，卫生条件差，气温剧变的冬、春两季，阴雨连绵，保温不好及母猪乳汁缺乏时发病较多。一窝仔猪中只要有一头发病，其余的仔猪会同时或相继发病。

（2）临床症状 病猪突然发生腹泻，排乳白色、灰白或黄白色泉状、糊状的粪便，具有腥臭味，腹泻次数不等，严重的每小时数次；发病仔猪弓背，行动缓慢，体表不洁，食欲下降，呼吸加快，离群独处，精神沉郁；病程长短不一（2~3天或1周），多数能够自然康复，很少死亡。

2. 病理学诊断

结肠内容物为浆状、糊状、油状，并呈乳白色或灰白色，常有部分黏附于黏膜上，而不易完全擦掉，肠壁变薄，肠系膜淋巴结轻度肿胀，小肠内容物无明显变化，含有气泡，肠黏膜表现卡他性炎症。

3. 病原学诊断

参见仔猪黄痢的病原学诊断方法。

4. 类症鉴别

（1）与猪流行性腹泻的鉴别 两者均表现精神沉郁，拉稀便等症状。不同点是：猪流行性腹泻是各种日龄的猪都出现腹泻，发病初期先排软便，后排水样稀便，胃内充满凝乳块，小肠膨胀并充满黄色液体，且有呕吐现象。

（2）与猪轮状病毒病的鉴别 两者均具有腹泻、脱水的症状，死亡率不高。不同之处是：仔猪白痢无明显的季节性，10~30日龄仔猪常发，呈地方性流行，猪轮状病毒病多见于寒冷季节，以8周龄以内的仔猪多发，且有呕吐现象。仔猪白痢很少发生呕吐。

二、防治技术措施

1. 健康猪群防控措施

（1）免疫预防 全菌苗、纯化菌毛黏附素苗及基因工程活菌苗。前两种在母猪产前40天、15天分别肌内注射5毫升，或2~4日龄仔猪内服2毫升。后一种在母猪产前15天内服，应用活苗时应避免与抗生素同时使用。

（2）防控措施 内服微生态制剂，维持生态平衡，增强机体免疫力，如调痢生等。供给母猪全价饲料，促使母猪的泌乳量充足，保障仔猪的营养需要。冬季要防寒保暖，勤换垫草；夏季要通风透气，防暑降温，减少应激。坚持定期消毒，保持圈舍清洁卫生。

2. 发病猪群防控、治疗措施

（1）防控措施 用0.1%高锰酸钾溶液清洗母猪乳头，第一次哺乳前，必须使母猪乳头保持清洁。可放少量的0.1%高锰酸钾溶液或0.25%硫酸亚铁溶液，使仔猪随意饮用。

（2）治疗方法 新霉素按10～15毫升/千克体重内服，每天2次，连用2～3天。肌内注射盐酸小檗碱注射液5～10毫升，每天2次；或痢炎宁注射液5～10毫升，每天2次；或1克土霉素溶于60毫升糖盐水，每次内服3毫升，每天2次。

第三节 仔猪水肿病

仔猪水肿病又名猪胃肠水肿病，是由溶血性大肠杆菌引起保育仔猪的一种肠毒血症，其特征为断奶猪全身或局部麻痹、共济失调、眼睑水肿及胃肠水肿。

一、快速诊断及类症鉴别

1. 临床诊断

（1）发病特点 本病多发于断奶前后的仔猪，常突然发生，迅速死亡，致死率高，发病猪多为体格健壮的仔猪，瘦小仔猪很少发病，一般局限于个别猪群，不广泛传播，发病率平均为16%；无季节性，但春、秋两季多发，气候骤变，阴雨潮湿，蛋白质饲料过量，粗饲料、微量元素、维生素缺乏可促使发病。发生过黄痢的仔猪很少发病。

（2）临床症状 无任何症状突然死亡，病程长者精神沉郁，食欲不振，体温正常，步态不稳，共济失调，短时间兴奋，肌肉震颤，叫声嘶哑。随着病情的发展，病猪前肢跪地，后肢直立，盲目冲撞，圆圈运动。捕捉时十分敏感，触之惊叫，突然倒地，四肢乱弹，呈现游泳姿势，口流泡沫状唾液，后期反应迟钝，呼吸困难，倒地死亡。体表某些部位的水肿是本病的特征，常见于眼睑（彩图3-1）、结膜、齿龈，有时波及颈部及腹部皮下，少数病猪则无水肿出现。病程短至数小时，长至7天以

上，致死率约为90%。

2. 病理学诊断

上下眼睑、颜面、颌下部、头颈部皮下水肿，切开水肿部位，内容物呈灰白色凉粉样胶状物，流出少量白色或黄白色液体；胃大弯和贲门部位的胃壁水肿，胃底部水肿最明显，将胃底切开，肌层与黏膜层之间可见透明或茶红色胶冻样水肿液流出，胃底有弥漫性出血。小肠黏膜有弥漫性出血，肠系膜水肿，空肠臌气。全身淋巴结充血、出血、水肿，肺水肿，心包、胸腔、腹腔内有较多积液，液体澄清无色或浅黄色，暴露于空气后很快凝固成胶冻状。

3. 病原学诊断

参照仔猪黄痢的病原学诊断。

4. 类症鉴别

（1）与猪瘟的鉴别　两者均表现精神沉郁，眼睑肿胀，有神经症状等。不同点是：猪瘟体温升高，可发生于任何日龄的猪；而水肿病多发于断奶后仔猪，无体温反应。

（2）与硒缺乏症的鉴别　两者均表现精神沉郁，食欲不振，体温不高，眼睑水肿，多发于2个月龄体质健康的小猪。但患硒缺乏症的猪只临床表现昏迷，卧地不起，四肢、躯干部肌肉颜色变浅，可见灰白色条纹坏死灶。

（3）与营养不良性水肿的鉴别　两者均表现精神沉郁，全身尤其是眼部水肿等症状。不同点是：营养不良性水肿不表现神经症状，任何日龄的猪都可发病，多半是由于饲料中蛋白质缺乏或乳汁摄入量不足而引起。

二、防治技术措施

1. 健康猪群防控措施

（1）免疫预防　全菌苗、纯化菌毛黏附素及工程活菌苗，前两种用于妊娠母猪肌内注射免疫，后一种用于2~4日龄仔猪或妊娠母猪的内服免疫。

（2）防控措施　加强断奶前后仔猪的饲养管理，提早补料，训练采食，使其断奶后能适应独立生活；断奶不要太突然，不要突然改变饲料和饲养方法；饲料喂量逐渐增加，饲料多样化，增加维生素丰富的饲料；保持圈舍清洁，定期消毒。

2. 发病猪群防控、治疗措施

（1）防控措施 断奶前内服促菌生，每天2克，连服7天；保持圈舍的清洁卫生，坚持每天消毒；母猪饲料中加入万分之二的金霉素。利用分离的病原菌制备高免血清，给仔猪内服或注射，作为预防或紧急治疗。

（2）治疗方法 静脉注射25%甘露醇注射液250毫升、10%葡萄糖注射液25毫升、维生素C 1克。肌内注射20%安钠咖注射液2毫升、0.1%亚硒酸钠—维生素E 2毫升，每天2次，连用1~2天。肌内注射卡那霉素、硫酸新霉素或硫酸链霉素，每天2次，连用2~3天。或肌内注射5%恩诺沙星3~5毫升，每天1次，连用2~3天。

第四节 猪链球菌病

猪链球菌病是一种人畜共患的急性、热性传染病，是由多种致病性猪链球菌感染引起的猪的多种疫病总称。其特征为急性败血型、脑膜炎型、关节炎型和化脓性淋巴结炎型，哺乳仔猪下痢和妊娠母猪流产等。人感染后死亡率为18%~52%。猪链球菌共有35个血清型，最常见的致病血清型为2型。

一、快速诊断及类症鉴别

1. 临床诊断

（1）发病特点 猪是主要传染源，其次是羊、马、鹿、鸟、家禽等。各年龄的猪都易感，但以新生仔猪、哺乳仔猪的发病率及死亡率最高，体重50千克以下架子猪、妊娠母猪对败血链球菌也比较敏感，成年猪发病率较低。本病由生殖道、消化道和上呼吸道传播，也可通过开放性伤口传播。

（2）临床症状

1）急性败血症型。一般发生在流行初期，病猪突然发病，在数小时至1天内死亡。常见精神沉郁，呈稽留热，减食或不食，眼结膜潮红，流泪，有浆液性鼻液，呼吸浅而快。部分病猪的耳尖、四肢下端、腹下可见紫红色或出血性红斑，跛行，病程2~4天。

2）脑膜炎型。多发于哺乳仔猪和保育仔猪，与水肿病的症状相似。病初体温升高，食欲废绝，便秘，有浆液性或黏液性鼻液，继而出现神经症状，如转圈，空嚼，磨牙，后躯麻痹，共济失调，侧卧于地，四肢作游泳状，颈部强直，角弓反张，甚至昏迷死亡。病程5~10天。

3）关节炎型。病猪体温升高，呈现关节炎病状，表现一肢或几肢关节肿胀，高度跛行，甚至不能起立。病程2~3周。个别哺乳仔猪也可发生，常因抢不到乳头而逐渐消瘦。

4）化脓性淋巴结炎型。病猪淋巴结肿胀，坚硬，有热痛感，采食、咀嚼、吞咽和呼吸较为困难，多见于颌下淋巴结化脓性炎症。很少死亡，病程为3~5周。病猪经治疗后肿胀部分中央变软，皮肤坏死，破溃流脓，并逐渐痊愈。

2. 病理学诊断

血液凝固不良。淋巴结出血肿大，有的淋巴结周围结缔组织水肿或呈胶冻样。心包、胸腔积液呈浅黄色，有时积液中有纤维蛋白；心内外膜及冠状沟脂肪常见出血点（彩图3-2）。腹腔脏器表面有丝状纤维素（彩图3-3），多数脾脏肿大呈暗红色或紫蓝色，较易脆裂，肾脏有出血点或出血斑。肝脏瘀血、肿大，呈暗紫色，有时呈黄色。胃肠呈不同程度的充血、出血，脑切面可见针尖大出血点。慢性关节炎病猪，关节、皮下有胶样水肿，严重者关节周围化脓坏死，关节粗糙，内含黏液，有时流出浅黄色液体或脓液内含干酪样黄白色块状物。

3. 病原学诊断

（1）染色镜检　取病猪的肝脏、肾脏、脾脏、心血、胸腹腔积液，或关节液分别制成涂片，革兰染色镜检，如发现单个、成双、短链排列的典型革兰阳性球菌即可确诊。

（2）动物试验　取病料用灭菌生理盐水1∶10稀释研磨后，皮下或腹腔注射小鼠或小兔数只，每只0.5毫升，小鼠或小兔于24~72小时死亡。取死亡鼠或兔的肝脏、脾脏、心血分别涂片，均见成双或短链状革兰阳性球菌。

4. 类症鉴别

（1）与李氏杆菌病的鉴别　两者均表现体温升高，运动失调，后肢麻痹，神经症状。不同点是：李氏杆菌病皮肤不见红色斑，病猪多呈脑膜炎症状，如头颈后仰，四肢张开呈现观星姿势，脑膜充血水肿，肝、脾肿大，表面有灰白色坏死灶，涂片染色可见革兰阳性杆菌。而猪链球菌病猪拉稀便，除脑膜炎型出现神经症状外，慢性病猪多数表现关节炎，肾有出血点，病变组织可见革兰阳性链状球菌。

（2）与猪丹毒的鉴别　两者均表现体温升高，精神萎靡，慢性型的关节肿胀，跛行等症状。不同点是：猪丹毒皮肤疹块型可见圆形、菱形高出周边皮肤的红色、紫红色疹块，脾肿大呈樱桃红色，肾脏瘀血、肿大呈暗红色，脏器涂片染色可见革兰阳性细长杆菌。而猪链球菌病有神经症状，也有关节炎症状，肾脏有出血点，涂片革兰染色可见单个、成对或链状的阳性球菌。

二、防治技术措施

1. 健康猪群防控措施

（1）免疫预防

1）弱毒菌苗。断奶猪、成年猪肌内注射1毫升或内服4毫升，内服前停食停水3~4小时，稀释后限4小时内用完，用苗前后10天不用抗生素。

2）灭活菌苗。仔猪、成年猪、妊娠母猪肌内注射3~5毫升，免疫期6个月。

（2）防控措施 加强饲养管理，搞好圈舍消毒，做好日常检疫，引进猪必须隔离检疫。加强舍内通风换气，保持空气清新；加高产床并及时清除床下积粪；增加饲料中维生素含量。

2. 发病猪群防控、治疗措施

（1）防控措施 一旦发病，应立即隔离、封锁发病猪场，防止疫情扩散。圈舍、用具用3%氢氧化钠溶液、0.3%过氧乙酸溶液、菌毒灭交替喷雾消毒，粪便污物堆积发酵。病死猪深埋或焚烧，并对猪场周围环境彻底消毒。做好个人防护，以免感染。

（2）治疗方法 肌内注射大剂量的青霉素，每天2次，每次200万单位，连用3~5天。或青霉素200万单位、20%磺胺嘧啶钠注射液10~20毫升、柴胡注射液5~10毫升、2.5%恩诺沙星注射液5~10毫升、维生素C 5~10毫升，分别肌内注射，连用3天。或每天按20毫克/千克体重肌内注射盐酸林可霉素，连用5天，同时灌服复合多维和电解质内服液。

第五节 仔猪副伤寒

仔猪副伤寒也称猪沙门氏菌病，是由沙门氏菌引起的猪的一种急性、热性传染病，其特征为败血症和坏死性肠炎。

一、快速诊断及类症鉴别

1. 临床诊断

（1）发病特点 本病无季节性，但多在多雨潮湿、寒冷或季节交替

时发生。2～4月龄仔猪多发，6月龄以上或1月龄以下仔猪很少发病。病猪和健康带菌猪是主要传染源。

（2）临床症状

1）急性（败血）型。多见于断奶前后仔猪，表现为体温升高，食欲废绝，很快死亡，耳根、胸前、腹下等处皮肤出现瘀血紫斑。后期表现下痢、呼吸困难、咳嗽、跛行，少数在出现症状后的24小时内死亡，多数经2～4天死亡。发病率低于10%，病死率达20%～40%。

2）亚急性型和慢性型。此类病猪较为多见，似肠型猪瘟，表现为体温升高，畏寒，结膜炎，有黏性、脓性分泌物，上下眼睑粘连，角膜浑浊、溃疡。呈顽固性下痢，粪便水样，为黄绿色、暗绿色、暗棕色，常混有血液和坏死组织或纤维素絮片，有恶臭味。症状时好时坏，反复发作，持续数周，伴以消瘦、脱水，最后死亡或成僵猪。部分病猪后期出现皮肤弥漫性痂状湿疹。

2. 病理学诊断

（1）急性型　皮肤有紫斑，脾脏肿大，呈暗蓝色（彩图3-4），似橡皮，肠系膜淋巴结索状肿大；肝脏也有肿大、出血，有黄灰色小结节；全身黏膜、浆膜出血，卡他性出血性胃肠炎。

（2）亚急性型和慢性型　特征是纤维素性坏死性肠炎，肠壁增厚，黏膜潮红，上覆盖一层弥漫性坏死性和腐乳状坏死物质，剥离后见基底潮红，边缘留下不规则的溃疡面，肠臌气、出血坏死（彩图3-5）。有的病例滤泡周围黏膜坏死，稍凸出于表面，有纤维素样的渗出物积聚，形成隐约可见的轮状环。肝脏、脾脏、肠系膜淋巴结常可见针尖大小、灰白色或灰黄色坏死灶或结节。肠系膜淋巴结呈絮状肿大，有的有干酪样病变。

3. 病原学诊断

（1）染色镜检　取肝脏、脾脏或肠系膜淋巴结制成涂片，自然干燥，用革兰染色法染色镜检，如看到两端钝圆或卵圆形，不运动，不形成芽胞和荚膜的革兰阴性小杆菌，则初步判断是沙门氏菌。

（2）分离培养　将病料直接画线接种在选择培养基（S·S和亚硫酸铋琼脂）上，于37℃培养18～24小时后，如形成无色、较小、边缘整齐、半透明，有的因产生硫化氢而形成中心带黑色的菌落时，将此菌落接种于三糖铁培养基斜面，于37℃培养18～24小时。观察底层葡萄糖产酸或产酸产气，产生硫化氢变棕黑色，上层斜面乳糖不分解、不变色，则可初步判定为沙门氏菌。

4. 类症鉴别

（1）与急性败血型猪瘟的鉴别 两者均表现为体温升高，皮肤出现紫红斑点等症状。不同点是：患败血型猪瘟病猪的脾脏不肿大，但边缘有梗死灶，皮肤有明显出血点、出血性红斑和坏死，会厌黏膜和泌尿系统黏膜常见出血点，淋巴结呈大理石样病变。而患急性仔猪副伤寒的病猪脾脏肿胀、坚实，多为增生性肿大，皮肤无明显变化，会厌黏膜和泌尿系统黏膜少见出血，淋巴结呈髓样肿大。

（2）与慢性肠型猪瘟的鉴别 两者均表现为先拉稀后便秘，盲结肠有溃疡面。不同点是：患肠型猪瘟的病猪大肠表面可见纽扣状肿，中心凹陷、边缘隆起，呈同心圆状，脾脏不肿有梗死灶，淋巴结呈大理石样外观，会厌黏膜和泌尿系统黏膜常见出血点。慢性副伤寒大肠表面平坦不隆起，可见糠麸样伪膜，脾脏肿胀、坚实，皮肤的薄皮处有痂样湿疹，会厌黏膜和泌尿系统黏膜少见出血。

（3）与猪痢疾的鉴别 两者均表现为体温升高，腹泻，粪便带有血色黏液。不同点是：猪痢疾病发病时间长，体质瘦弱，常见弓背，粪便呈黑红色或带有血块。

二、防治技术措施

1. 健康猪群防控措施

（1）免疫预防

1）仔猪副伤寒弱毒菌苗。用于1月龄以上的哺乳猪或断奶猪，分为内服苗和注射苗两种。前者用冷开水稀释成每头份5~10毫升拌料采食或灌服。后者用20%氢氧化铝胶生理盐水稀释，于耳后浅层肌内注射1毫升。常发地区，可在断奶前后各免疫1次，间隔3~4周。免疫前后10天停止使用抗生素药物。

2）副伤寒多价灭活苗。于耳后浅层肌内注射3~5毫升。实际生产中活菌苗的效果优于灭活苗。

（2）防控措施 加强饲养管理，坚持自繁自养，切断传播途径，消除传染源。坚持免疫预防，注意消毒。用具和食槽经常洗刷，圈舍要清洁、干燥。每吨饲料中加金霉素100克，仔猪断奶当天开始使用，连用7天。给以优质而易消化的饲料，防止因突然更换饲料而发生应激反应。

2. 发病猪群防控、治疗措施

（1）防控措施 发病后及时隔离病猪，圈舍要清扫、消毒，特别是

饲槽要经常刷洗。粪便应及时清除，堆积发酵。对假定健康猪可在饲料中加入抗生素进行预防，连喂3～5天。深埋死猪，不可食用，以免发生人中毒事故。

（2）治疗方法　肌内注射阿米卡星注射液，每次20万～40万单位，每天2～3次；或卡那霉素按10～15毫克/千克体重，每天2次，连用2～3天；庆大霉素按2～4毫克/千克体重，每天2次，连用3天。肌内注射磺胺增效合剂：三甲氧苄啶（TMP）0.2克、磺胺嘧啶1克、蒸馏水10毫升，按20～25毫克/千克体重，每天2次，连用2～3天。

第六节　猪丹毒

猪丹毒是由猪丹毒杆菌引起的猪的一种急性、热性传染病，其特征为急性型表现败血症，亚急性型表现皮肤疹块，慢性型表现疣状心内膜炎及皮肤坏死与多发性非化脓性关节炎。人感染发病时称为类丹毒。

一、快速诊断及类症鉴别

1. 临床诊断

（1）发病特点　潜伏期为3～5天，无明显季节性，但以夏、秋两季多发。不同年龄的猪均易感，3～12个月的架子猪多发，哺乳仔猪和老龄猪很少发生。病猪、带菌猪、带菌禽类是主要传染源，经消化道或创伤的皮肤感染，一般呈散发或地方性流行。

（2）临床症状

1）急性败血型。病初1～2头往往无任何症状而突然死亡，随后其他猪体温升高，食欲废绝，行走摇摆，呼吸困难，黏膜发绀，粪便干硬，附有黏液；胸部、腹部、四肢内侧及耳部皮肤出现大小不等的红斑，指压褪色，病末体温下降、虚脱。病猪常于3～4天内死亡，病死率为80%左右，不死者转为亚急性型或慢性型。哺乳仔猪和刚断乳猪，表现为神经症状，抽搐，倒地而死，病程多不超过1天。

2）亚急性型。病初1～2天在身体不同部位，尤其胸侧、背部、颈部至全身出现界线明显、大小不等、形状不一、有热感的紫红色疹块（彩图3-6），俗称“打火印”，指压褪色。疹块凸出皮肤，干枯后形成棕色痂皮。病猪口渴、便秘、呕吐、体温高。疹块发生后，体温开始下降，病势减轻，经数日以至旬余，病猪自行康复。部分病猪症状恶化转为败血型而死。

3）慢性型

① 关节炎型。表现为四肢关节的炎性肿胀，病腿僵硬、疼痛，关节变形，跛行或卧地不起（彩图3-7）。食欲正常，但生长缓慢，体质虚弱，消瘦。

② 心内膜炎型。表现为消瘦，贫血，全身衰弱，喜卧，举止缓慢，全身摇晃。病猪无法治愈，通常因心脏停搏突然倒地死亡。病程数周至数月。

2. 病理学诊断

胃底及幽门部黏膜发生弥漫性出血，或小点出血；整个肠道都有不同程度的卡他性或出血性炎症；脾脏充血、肿大、柔软，呈暗红褐色；肾脏瘀血、肿大，呈弥漫性暗红褐色，有“大红肾”之称（彩图3-8）；肝脏瘀血，呈棕红色；淋巴结充血、肿大，切面外翻，多汁；肺脏瘀血、水肿。

关节炎型，关节肿大，关节腔内可见浆液性、纤维素性渗出物蓄积，关节囊增厚。心内膜炎型，常见于二尖瓣形成颗粒状增生物，外观似花菜样病变。

3. 病原学诊断

（1）染色镜检 高热菌血期，细菌在血液中大量繁殖，并随血流在全身扩散，导致体温升高，此时在血液中可查出细菌，耳静脉采血。亚急性型可切开皮肤疹块挤出血液或渗出液。关节炎型可采取关节液，将病料涂片，干燥后用甲醇固定2～5分钟，用亚甲蓝或复红也可用姬姆萨氏染色。该病菌在镜下呈瘦长、正直或稍弯曲、纤细的杆菌，并呈散在、单个、成对或小堆状或簇集于白细胞中。心内膜赘生物涂片，常可见有弯曲、长短不一、丝状菌体，呈乱发状。为革兰阳性小杆菌，不产生芽胞；无鞭毛，不能运动。

（2）动物试验 先将病料磨碎，用灭菌生理盐水5～10倍稀释制成悬液。于鸽子胸肌接种0.5～1毫升，小鼠皮下接种0.2毫升，豚鼠皮下或腹腔接种0.5～1毫升。若为细菌培养物可直接接种。接种后1～4天，鸽子翅、腿麻痹，精神委顿，头缩羽乱，不食而亡。小鼠精神委顿、弓背、闭眼、不食，3～7天死亡。死亡的鸽子和小鼠可见脾脏肿大，肺部和肝脏充血。病料涂片染色镜检，可见有大量猪丹毒杆菌。豚鼠对猪丹毒杆菌有很强的抵抗力，接种后常不表现任何症状。

4. 免疫学诊断

血清培养凝集试验：制备丹毒血清抗生素诊断液。在3%胰蛋白胨肉膏汤或肝化汤中，加入丹毒高免血清（1∶80～1∶40），再加入卡那霉素至400微克/毫升或新霉素至100微克/毫升或叠氮钠（NaN_3）至0.05%，分装于小试管内，置4℃冰箱内可保存2个月。

取病猪耳尖血1滴，或蘸取病料少许置于小试管内，于37℃培养14～24小时。若管底有颗粒状凝集的团块，则判为阳性。如果液体混浊，管底无凝集的沉淀物或有少量沉淀物，则判为阴性。

5. 类症鉴别

（1）与急性败血型猪瘟的鉴别　两者均表现为体温升高，皮肤表面有出血斑点等症状。不同点是：猪瘟不分年龄，常年发病，病初便秘，后腹泻或交替发生，淋巴结切面呈大理石样外观，脾脏不肿大，但边缘可见出血性梗死。而猪丹毒常发生于晚秋季节，6月龄架子猪多发，猪丹毒脾脏肿大，呈樱桃红色。

（2）与猪肺疫的鉴别　两者均表现为体温升高，皮肤表面有出血斑点等症状。不同点是：猪肺疫的特征是咽喉部和颈部肿胀，呼吸困难，呈犬坐姿势。咽喉黏膜下组织有大量浅黄色透明的液体；而猪丹毒常表现败血症，不食不饮，高热稽留，亚急性型皮肤出现特征性疹块，慢性型病猪常见疣性心内膜炎和浆液性纤维素性关节炎。

二、防治技术措施

1. 健康猪群防控措施

（1）免疫预防　免疫期均为6个月。

1）猪丹毒氢氧化铝甲醛苗。10千克以上的断奶猪一律皮下注射5毫升。

2）猪丹毒弱毒疫苗：使用时用20%氢氧化铝生理盐水稀释为7亿/毫升，大小猪一律皮下注射1毫升。内服时每头2毫升。在内服前应停食4小时，用冷水稀释菌苗，拌入少量新鲜饲料中，让猪自由采食。

3）猪丹毒、猪肺疫氢氧化铝二联苗。断奶仔猪和成年猪皮下注射5毫升。

仔猪在45～60日龄第一次免疫，对于常发病的猪场，3月龄可再免疫1次；种猪每隔6个月免疫1次，但配种后两周以内，妊娠末期及哺乳母猪暂不免疫。免疫前后10天不能使用抗生素。

（2）防控措施　加强猪的饲养管理，给以营养丰富的饲料，保持栏舍清洁卫生和通风干燥，避免高温高湿，定期消毒。

2. 发病猪群防控、治疗措施

（1）防控措施 猪场发生猪丹毒时，要加强消毒，隔离病猪，对同圈猪和同舍猪应尽快投入预防性用药，一般在饲料中可添加土霉素、庆大霉素等抗生素。加强个人防护，以免感染。

（2）治疗方法 肌内注射青霉素按3万单位/千克体重，每天2~3次；症状消失后，再继续用药2~3次，否则，容易复发。也可用土霉素盐酸盐按20~40毫克/千克体重，溶于5%的葡萄糖注射液中肌内注射。抗猪丹毒血清，仔猪肌内注射5~10毫升，3~10月龄猪肌内注射30~50毫升，成年猪50~70毫升隔天注射，如与抗生素配合使用疗效更佳。

第七节 猪肺疫

猪肺疫又称猪巴氏杆菌病，是由巴氏杆菌引起的猪的一种急性、热性、败血性传染病，以败血症、炎性出血和胸膜肺炎为特征。

一、快速诊断及类症鉴别

1. 临床诊断

（1）发病特点 潜伏期1~5天，发病无明显季节性，以气候多变、忽冷忽热、高温高湿季节多发，各年龄的猪均易感，但以小猪和架子猪多发。病猪和健康带菌猪是主要传染源，通过消化道和呼吸道感染发病，一般呈散发或地方性流行。

（2）临床症状

1）最急性型。病程1~2天，呈败血性变化，常突然死亡，病程稍长的可见体温升高，不食，呼吸困难，可视黏膜发绀，皮肤出现紫红斑，咽喉部肿胀、发热、坚硬，俗称“锁喉风”，口鼻流出泡沫样液体，伸颈张口呼吸，呈犬坐姿势，最后窒息死亡。

2）急性型。病初体温升高，呼吸困难，先干咳后湿咳，可视黏膜呈蓝紫色，有鼻汁和脓性眼屎，先便秘后拉稀，呈犬坐姿势，触诊胸部疼痛，后期皮肤有紫红色斑或小点出血。

3）慢性型。持续性咳嗽与呼吸困难，鼻流黏液性分泌物，食欲减退，渐进性消瘦，有时关节肿胀，皮肤发生湿疹，病程在两周以上的，多半因衰竭而死。

2. 病理学诊断

1）最急性型。浆膜、黏膜点状出血，咽喉部及周围组织可见出血

性浆液性炎症，皮下组织有大量浅黄色胶冻样水肿液，全身淋巴结肿大，切面呈一致红色；肺充血、水肿，可见红色肝变区。

2）急性型。纤维素性肺炎，胸膜上常见纤维素性附着物，甚至与胸膜粘连；肺有大小不等的肝变区，切开肝变区切面呈大理石样。

3）慢性型。肺组织肝变区较大，并有大块坏死灶或化脓灶，有的坏死灶周围形成结缔组织包囊与胸膜粘连。

3. 病原学诊断

（1）染色镜检　采取病变部的肝脏、脾脏、胸腔液等制成涂片，用碱性亚甲蓝染色，如从各种病料的涂片中，均见有两极浓染的近似长椭圆形小杆菌时，即可确诊。如果只在肺内见有极少数巴氏杆菌，而其他脏器没有见到，则可能是带菌猪，而不能诊断为猪肺疫。

（2）动物试验　用灭菌生理盐水将病料制成1:10的悬液，肌内或皮下注射于小鼠或家兔每只0.2～0.5毫升，接种动物于18～48小时死亡，取脏器涂片染色镜检，发现典型的巴氏杆菌即可确诊。

4. 类症鉴别

（1）与败血型猪丹毒的鉴别　两者均表现为精神沉郁，皮肤变色等症状。不同点是：猪丹毒有类似于最急性型猪肺疫的败血性症状，但无猪肺疫那种咽喉部肿大及呼吸困难的表现；猪丹毒肾脏瘀血、肿大，呈暗红色，脾脏、肿大，呈樱桃红色。

（2）与猪传染性胸膜肺炎的鉴别　两者均表现为体温升高，精神沉郁，呼吸困难，皮肤变色等症状。不同点是：猪传染性胸膜肺炎的病变局限于呼吸系统，肺炎肝变区呈一致的紫红色；而猪肺疫肺炎区常有红色肝变和灰色肝变混合存在。涂片染色镜检、猪肺疫病原为两极浓染的巴氏杆菌，猪传染性胸膜肺炎的病原为球杆状的放线杆菌。

（3）与猪支原体肺炎的鉴别　两者均表现为精神沉郁、呼吸困难等症状。不同点是：猪支原体肺炎主要表现咳嗽和气喘，体温不高，全身症状轻微，肺炎病变呈胰脏样或肉样，界线明显，两侧肺叶病变基本对称，无坏死或化脓趋向。

二、防治技术措施

1. 健康猪群防控措施

（1）免疫预防

1）猪肺疫氢氧化铝甲醛苗。断奶后皮下或肌内注射5毫升。

2）猪肺疫弱毒苗。适用于各生长期的健康猪，肌内或皮下注射1毫升。

3）猪肺疫内服弱毒苗。大小猪一律3亿活菌，拌料喂服。注射苗免疫期6个月，内服苗免疫期10个月。免疫前后7~10天，停用抗生素。

（2）防控措施 改善猪的饲养管理和环境卫生条件，消除致病因素，防止过热、过冷、拥挤、潮湿、饲料突变，圈舍定期消毒。新购入的猪应隔离观察1个月，检疫合格方可合群饲养。对常发病的猪场，要在饲料中添加抗生素进行预防。

2. 发病猪群防控、治疗措施

（1）防控措施 发生此病时，应将病猪隔离、封锁，严格消毒。发病的同栏猪，用血清或用疫苗紧急预防。

（2）治疗方法 肌内注射青霉素80万~240万单位，同时肌内注射10%磺胺嘧啶10~20毫升，每天2次，连用3天。45千克以上猪用链霉素2克、10%氨基比林20毫升，肌内注射，间隔6小时注射1次，连用2次；或庆大霉素按1~2毫克/千克体重、四环素按7~15毫克/千克体重，每天2次，直到体温下降为止。

第八节 猪炭疽

猪炭疽是由炭疽杆菌引起的人畜共患的急性、热性、败血性传染病，以草食兽最敏感，猪对本病有较强的抵抗力，多呈隐性或慢性经过，缺乏明显的临床症状，往往在屠宰检验时才能发现。

一、快速诊断及类症鉴别

1. 临床诊断

（1）发病特点 病畜血液、脏器、分泌物及排泄物为主要传染源。经消化道感染。被炭疽芽孢污染的土壤、牧地，可形成持久疫源地，造成本病在该地区流行，尤其是在炎热多雨的夏季更容易发生。

（2）临床症状 多数病猪无临床症状，个别体温升高，精神沉郁，声音嘶哑，颈部活动不灵，严重时呼吸困难、发绀，咽喉部明显肿大。肠型炭疽可能发生呕吐、下痢或便秘，粪便带血。

2. 病理学诊断

咽喉部可见黄色胶样浸润，颈下淋巴结肿大、出血、坏死，切面干燥无光泽，呈砖红色，扁桃体肿大、坏死。肠型炭疽多局限于小肠，呈出血性肠炎和出血性淋巴结炎。急性败血型炭疽比较少，尸僵不全，肚

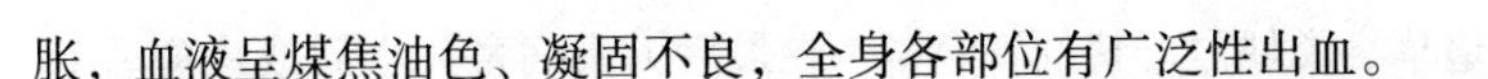

胀，血液呈煤焦油色、凝固不良，全身各部位有广泛性出血。

3. 病原学诊断

显微镜检。于病畜浅表血管采血或抽取病变部位水肿液涂片，用瑞氏或吉姆萨氏染色，可见到体积大、两端如竹节、边界比较模糊、有荚膜、呈单个或短链的炭疽杆菌。死亡时间较长的尸体材料，有时可见菌体消失后遗留的荚膜。

4. 免疫学诊断

炭疽沉淀反应。取病死动物病料研磨后，用生理盐水稀释 5 ~ 10 倍，煮沸 5 ~ 15 分钟，冷后过滤，用毛细吸管吸取上清液，沿管壁缓慢加入已装有沉淀血清的细玻璃管内，形成整齐的两层液面，于 1 ~ 5 分钟内如接触面出现清晰的白色沉淀环则为阳性。

5. 类症鉴别

（1）与猪肺疫的鉴别　两者均表现为咽喉部肿胀。急性猪肺疫发病快，颈下咽喉水肿，切开颈部皮肤可见胶冻样浅黄色纤维素浆液，呼吸极度困难，肺有不同程度的肝变区，切面呈大理石样外观。而猪炭疽发病慢，颌下淋巴结肿大，切面呈砖红色或红棕色，脾脏肿大，血液似煤焦油样。

（2）与猪水肿病的鉴别　两者均表现为头、颈、胸部水肿。猪水肿病发生于膘情好的断奶仔猪，表现为眼睑和头部皮下水肿，当剪开水肿的胃壁，可见到黄色胶冻样液体流出。而猪炭疽病可发于任何日龄的猪，脾脏肿大，胃壁不肿大，血液似煤焦油样。

二、防治技术措施

1. 健康猪群防控措施

（1）免疫预防　常发区需要预防接种，非健康猪、1 月龄以下的仔猪及产前 2 个月的母猪均不能接种。无毒炭疽芽胞苗和Ⅱ号炭疽芽胞苗：不论大小猪一律皮下注射 1 毫升，免疫期 1 年。

（2）防控措施　在常发区定期注射炭疽芽胞苗，并定期检疫。对未发病的猪用磺胺类药物、青霉素、链霉素或土霉素预防。

2. 发病猪群防控、治疗措施

（1）防控措施　一旦发病应及时上报，并隔离、封锁，严格消毒。对假定健康畜群，一侧皮下注射炭疽芽胞苗，另一侧皮下注射抗血清。病畜的畜舍、畜栏、用具及地面应彻底消毒，焚烧病畜尸体、被污染的饲料、垫草、粪便。严禁剖解病畜。在最后1头病畜死亡后或痊愈后15天，至疫苗接种反应结束时解除封锁，解除前再进行1次终末消毒。

（2）治疗方法 对发病猪要隔离治疗，禁止病猪流动。血清疗法：小猪每头注射30~50毫升，大猪50~80毫升。抗菌疗法：青霉素按1万单位/千克体重，每6小时注射1次，连用3天。链霉素按10~20毫克/千克体重，每天注射1~2次连用3天。如果将几种抗生素类药物合用或抗生素类药物与抗炭疽血清共用，则治疗效果更为显著。

第九节 布氏杆菌病

布氏杆菌病是由布氏杆菌引起的人和多种动物共患的一种传染病。猪感染发病的主要特征是母猪流产，公猪为睾丸炎。

一、快速诊断及类症鉴别

1. 临床诊断

（1）发病特点 各种猪均易感，呈地方性流行，可通过消化道黏膜、交配或皮肤伤口感染。猪对猪型布氏杆菌易感性最高，对羊型和牛型布氏杆菌也有感染性。6月龄以上的猪易感性强，性成熟之后感染猪才出现症状，一般认为公猪和母猪发病率高，妊娠母猪尤其第1胎母猪发病率更高。去势后的育肥猪感染率低。

（2）临床症状 最早2~3周，最晚接近分娩期流产，以妊娠1~3个月流产者多见。早期流产时母猪可将胎儿胎衣吃掉，不易发现。母猪精神沉郁，阴唇和乳房肿胀，阴道流出黏液或脓性分泌液，流产后个别胎衣滞留。有的母猪体温正常，没有显著流产征兆。多数母猪流产后转入隐性，照常配种、妊娠、产仔。公猪单侧或两侧睾丸肿大，久之导致睾丸和附睾萎缩。还有的病猪两后肢或一后肢跛行、瘫痪、关节炎及皮下组织脓肿。

2. 病理学诊断

公猪睾丸、附睾和贮精囊呈现化脓性炎症病灶，睾丸显著肿大，切面可见坏死病灶和脓肿。母猪子宫黏膜有粟粒大的灰黄色小结节，胎膜上可见大量出血点，表面覆盖一层灰黄色渗出物。如果胎儿死亡，则出现败血症变化。肘、膝、肩胛等处关节囊肿大、发炎和化脓。睾丸淋巴结、乳房淋巴结肿胀，切面多汁，脓肿及灰黄色坏死灶。肝脏、脾脏、肺也可表现脓肿及坏死性病灶。

3. 病原学诊断

染色镜检　采集流产母猪子宫及阴道分泌物、血液、乳汁，或流产胎儿肝脏、脾脏、淋巴结、脓汁等制成涂片，柯氏染色镜检，红色的细菌为布氏杆菌，绿色为其他杂菌。

4. 免疫学诊断

虎红平板凝集试验　取虎红抗原和被检血清各30微升滴于载玻片上充分混匀，在4~10分钟内观察结果。凝集者为阳性；无凝集，呈均匀粉红色时为阴性。将阳性血清和阴性血清进行对照，若阳性血清有凝集现象，阴性血清无凝集现象，则试验成立。

5. 类症鉴别

（1）与猪衣原体病的鉴别　两者均表现为母猪流产、产死胎，公猪睾丸炎等症状。不同点是：衣原体病一般体温不高，临床上可见到肺炎、脑炎、多发性关节炎，肺肿大，子宫内膜充血水肿，并有坏死灶。而布氏杆菌病引起的流产多发生于妊娠3个月的母猪，产后胎衣常滞留不下，子宫黏膜呈现化脓性病灶，也可见小米粒大的灰黄结节。

（2）与猪乙型脑炎的鉴别　两者均表现为体温升高，母猪流产、产死胎，公猪睾丸炎。不同点是：猪乙型脑炎常在夏、秋两季突然发生，高热稽留，乱冲乱撞的神经症状，公猪睾丸肿胀，常呈一侧性。而猪布氏杆菌病多发生于春、秋两季，不表现神经症状，四肢皮下脓肿。

（3）与伪狂犬病的鉴别　两者均表现为体温升高，母猪流产、产死胎。不同点是：伪狂犬病表现为咳嗽，呼吸困难，腹泻，运动失调，抽搐，有神经症状，最后昏迷衰竭死亡。而猪布氏杆菌病只表现关节炎症状，不表现呼吸道和神经症状。

二、防治技术措施

1. 健康猪群防控措施

（1）免疫预防　布氏杆菌猪型二号弱毒苗，免疫期1年。内服剂量为每头6毫升，间隔1个月再内服1次。注射剂量为每头3毫升，间隔1个月再注射1次。

（2）防控措施　坚持自繁自养，不从疫区购买畜产品和饲料，引进种猪时，应严格检疫，隔离观察，确定为阴性猪方可合群饲养；搞好免疫预防和定期检疫，定期消毒圈舍。

2. 发病猪群防控、治疗措施

（1）防控措施　猪群中出现阳性病猪时，应定期对全群检疫，淘汰所有阳性猪，并对污染和可能污染的运动场、圈舍进行消毒。

（2）治疗方法　对布氏杆菌病猪，原则上不治疗，应尽早淘汰，消灭传染源。

第十节　猪梭菌性肠炎

猪梭菌性肠炎又称仔猪红痢，是由C型产气荚膜梭菌引起的初生仔猪肠毒血症。以腹泻（血痢）、肠坏死、病程短、病死率高为特征。C型产气荚膜梭菌主要产生α和β外毒素，引起肠毒血症和坏死性肠炎。

一、快速诊断及类症鉴别

1. 临床诊断

（1）发病特点　主要侵害1~3日龄的仔猪，其他日龄的猪也可发生。育肥猪、大猪膘情虽然很好，但仍可发生猝死，一般呈散发。同一猪群内各窝仔猪的发病率不同，最高可达100%，病死率为20%~70%。本病一旦传入猪群，病原就会长期存在。新生仔猪通过污染的母猪乳头、地面或垫草等吃入本菌芽孢而感染。

（2）临床症状

1）最急性型。1日龄仔猪就可表现血痢，后躯沾满带血稀粪。精神不振，走路摇晃，体温不高或略高，迅速进入濒死状态。部分仔猪无血痢而衰竭死亡。

2）急性型。病程2天左右，拉带血的红褐色水样稀粪，其中含有灰色坏死组织碎片，病猪迅速脱水、消瘦，最终衰竭死亡。

3）亚急性型。出生后5~7天死亡。病猪持续性的非出血性腹泻，初为黄软便，后变为清水样，并含有坏死组织碎片，似米粥样。病猪逐渐消瘦，最终脱水死亡。

4）慢性型。病程一周至数周，呈间歇性或持续性腹泻。粪便为灰黄色黏液状，肛门周围、尾巴及后躯被稀便污染，干燥后形成粪痂或干粪球附着于后躯或尾巴上。病猪生长停滞，最终死亡或形成僵猪。

2. 病理学诊断

腹腔有大量樱红色积液。心包液增多，心外膜有出血点，脾脏边缘、肾脏表面、膀胱黏膜有小点出血。

1）最急性型。空肠呈暗红色，与正常肠段界线分明，肠腔内充满

暗红色液体。肠黏膜及黏膜下层广泛出血，肠系膜淋巴结呈鲜红色。

2）急性型。肠坏死严重，可见肠壁变厚，弹性消失，色泽变黄。肠黏膜呈黄色或灰色，肠腔内含有稍带血色的坏死组织碎片松散地附着于肠壁。

3）亚急性型和慢性型。病变肠段黏膜坏死严重，可形成坏死性伪膜，易于剥下或难于剥下。在坏死肠段的浆膜下层和肠系膜及其淋巴结中有数量不等的小气泡。

3. 病原学诊断

（1）染色镜检 取病变肠段和肠内容物涂片或触片，晾干，用革兰染色，稀释苯酚复红染色、荚膜染色和芽胞染色镜检。魏氏梭菌为粗大杆菌、革兰阳性、无鞭毛、不能运动，在动物体内能形成荚膜，芽胞为卵圆形位于菌体中央或近端。

（2）动物试验

1）小鼠毒力试验。将肉肝汤培养物以3000转/分钟离心15分钟，取其上清液10～25微升静脉注射于18～22克小鼠。如小鼠在30分钟至24小时内死亡，证明分离的细菌能产生毒素，即可做出诊断。

2）家兔毒力试验。于家兔耳静脉注射1毫升，含毒量高时，注射后30分钟将引起家兔死亡，尸体置37℃温箱中5～12小时，尸体膨气，各脏器内产生大量气泡，尤以肝脏为甚，取肝脏标本作培养和涂片镜检，可见粗大杆菌。含毒量低时，注射后0.5～1小时卧下，呼吸困难，轻度昏迷，一般于1小时后恢复。

4. 免疫学诊断

毒素中和试验 取病变空肠内容物或腹水加等量生理盐水混匀，以3000转/分钟离心运转30～60分钟，取其上清液备用。对照组取病料上清液0.2～0.5毫升静脉注射于18～22克的小鼠；试验组静脉注射病料上清液与C型产气荚膜抗毒素血清的混合液。如对照组小鼠很快死亡，而试验组小鼠不死，即可确诊为本病。

5. 类症鉴别

（1）与猪传染性胃肠炎的鉴别 两者均多发于10日龄仔猪，临床上表现腹泻。不同点是：猪传染性胃肠炎大小猪均可感染，并且蔓延很快，一般只有小猪发生死亡。而梭菌性肠炎属散发，无论大小猪一旦发病，都会导致急性死亡。

（2）与仔猪黄痢的鉴别 两者均表现为拉稀，仔猪的发病率和死亡率均高。不同点是：仔猪黄痢发生于1～7日龄仔猪，同窝仔猪几乎全部发病，母猪表现健康，不表现临床症状。而梭菌性肠炎无论大小猪发病时死亡率都很高，大猪多呈散在发生。

（3）与仔猪白痢的鉴别 两者均在仔猪中发生突然腹泻，排浆状、糊状粪便。不同点是：仔猪白痢多发于10～30日龄，拉白色稀粪，带有腥臭味，肠壁菲薄，肠内空虚，充满气体，有少量酸臭的乳白色或灰白色粪便。

（4）与猪流行性腹泻的鉴别 两者均表现为腹泻，10日龄内仔猪多发。不同点是：猪流行性腹泻仔猪症状严重，死亡率高，胃内可见黄白色凝乳块，小肠充满黄色液体，肠壁变薄。育成猪发病后症状轻微。

二、防治技术措施

1. 健康猪群防控措施

（1）免疫预防 仔猪红痢氢氧化铝灭活苗：初免母猪产前30天、15天各肌内注射5～10毫升，经免母猪产前15天肌内注射3～5毫升；初生仔猪可从初乳中获得抗体，对仔猪的保护率几乎可达100%。

（2）防控措施 加强饲养管理，对猪舍、场地、环境做好清洁卫生和消毒工作。特别是产前母猪的乳头要进行清洗和消毒。

2. 发病猪群防控、治疗措施

（1）防控措施 产房要清扫干净，并进行消毒，母猪乳头要擦洗干净，以减少本病的发生和传播。

（2）治疗方法 本病发病急、病程短，一旦出现症状，往往来不及治疗。抗生素类药物可用于本病的早期治疗，青链霉素内服按10万单位/千克体重。也可注射梭菌性肠炎高免血清10～20毫升，内服螺旋霉素按20～100毫克/千克体重，每天1次，连用3天。

第十一节 猪萎缩性鼻炎

猪萎缩性鼻炎是由支气管败血波氏杆菌引起的猪的一种以鼻甲骨萎缩、颜面部变形或歪斜，病猪生长缓慢为特征的慢性传染病。

一、快速诊断及类症鉴别

1. 临床诊断

（1）发病特点 各种猪均易感，但以2～5月龄的猪易感性最强。出生后几天至数周的仔猪发病时，多能引起鼻甲骨萎缩；年龄较大的猪

感染时，不发生或只产生轻微的鼻甲骨萎缩，一般表现为鼻炎，症状消退后成为带菌猪。本病传播较慢，多为散发，经呼吸道感染。

（2）临床症状　病猪体温正常，病初表现为打喷嚏、鼾声、吸气困难，鼻孔流出少量清鼻液或黏性脓液。由于鼻腔遭受刺激，病猪不安、摇头、拱地、摩擦鼻部，有时鼻出血。在出现鼻炎的同时，病猪的眼结膜常发炎，从眼角不断流泪。因为泪水与尘土沾积，常在眼眶下部的皮肤上出现一个半月形的泪痕湿润区，呈褐色或黑色斑痕，故有特征性“黑斑眼”之称。

鼻腔的长度和直径减小，使鼻腔缩小，鼻缩短，向上翘起，而且鼻背皮肤发生皱褶，下颌伸长，上下门齿错开，不能正常咬合。当一侧鼻腔病变较严重时，可造成鼻子歪向一侧，甚至呈45°歪斜。3～4日龄的仔猪表现为呼吸困难，剧烈咳嗽，极度消瘦，整窝仔猪发病死亡，而产仔母猪不表现任何临床症状。

2. 病理学诊断

特征病变是鼻腔的软骨和鼻甲骨的软化和萎缩，最常见的是鼻甲骨的下卷曲，鼻甲骨上下卷曲及鼻中隔失去原有的形状，弯曲或萎缩。鼻甲骨严重萎缩时，使腔隙增大，上下鼻道的分界线消失，鼻甲骨结构完全消失，常形成空洞。

3. 病原学诊断

（1）染色镜检　用棉签取急性病猪鼻腔内的黏性分泌物涂片镜检，如见革兰阴性，散在或成对排列，呈球杆状并有两极着色的细菌即可判定。

（2）动物试验

豚鼠试验。用培养液或鼻腔洗液0.3毫升注入豚鼠腹腔，多于1～2天内发生腹膜炎死亡。可见肝脏、脾脏和大肠有黏液样渗出物，并形成伪膜。

4. 免疫学诊断

血清凝集试验。猪发病后2～4周可出现凝集抗体，至少维持4个月，一般用于3个月以上仔猪。将血清样品于56℃水浴灭活30分钟。每份血清作倍比稀释，即1∶160～1∶10；阳性对照血清按1∶320稀释；阴性对照血清按1∶20稀释。向上述各管稀释血清中加等量工作抗原，充分混匀后，于37℃作用18～20小时，取出在室温静置2小时，观察液体是否完全透明，管底是否覆盖明显的伞状凝集沉淀物。凝集价在1∶80以上为阳性，1:40 为可疑，1:20 以下为阴性。

5. 类症鉴别

（1）与猪传染性坏死性鼻炎的鉴别 两者均多发于仔猪，以鼻腔流出脓性鼻液为特征。不同点是：猪传染性坏死性鼻炎主要发生于外伤之后，引起软组织及骨组织的坏死，腐臭并形成溃烂或瘘管，从而导致呼吸困难。

（2）与普通鼻炎的鉴别 两者均表现打喷嚏、流鼻液等症状。不同点是：普通鼻炎不出现鼻盘上翘和歪鼻、歪嘴现象，鼻甲骨不萎缩。

三、防治技术措施

1. 健康猪群防控措施

（1）免疫预防 猪萎缩性鼻炎灭活苗。皮下或肌内注射 2 毫升。发病严重地区，初免母猪产前 2、4 周各免疫 1 次，经免母猪产前2～4 周免疫 1 次；仔猪 7～10 日龄首免，2～3 周龄再免；种公猪每年接种 1 次。

（2）防控措施 坚持自繁自养，加强检疫及卫生消毒。必须引进种猪时，要到非疫区购买，并在购入后隔离观察 2～3 个月，确认无本病后再合群饲养。

2. 发病猪群防控、治疗措施

（1）防控措施 严格检疫，淘汰发病猪或淘汰出现过病猪的猪群，不留后患。采取全进全出的饲养模式，避免刚断奶仔猪与已断奶仔猪及成年猪接触，培育健康猪群。

（2）治疗方法 多数菌株对卡那霉素、庆大霉素、新霉素敏感。肌内注射链霉素，1 月龄 10 万单位，4 月龄 15 万单位，每天 2 次，连用 3 天。也可从鼻腔注入 0.1% 高锰酸钾溶液，或用 1% 盐酸金霉素水溶液冲洗鼻道。初生仔猪注射猪萎缩性鼻炎高免疫血清可起到预防效果。

第十二节 猪传染性胸膜肺炎

猪传染性胸膜肺炎是由胸膜肺炎放线杆菌引起的猪的一种急性呼吸道传染病。本病以急性出血性纤维素性胸膜炎和慢性纤维性坏死性胸膜炎为特征。

一、快速诊断及类症鉴别

1. 临床诊断

（1）发病特点 各品种猪都易感，但以 3 月龄仔猪最易感，呈散发

性流行，“跳跃式”传播，发病率和死亡率差异很大，急性型大多数以死亡而告终，慢性型常能耐过。

（2）临床症状

1）最急性型。无明显临床症状突然死亡。

2）急性型。突然发病，初期体温升高、不食、短时的轻度腹泻和呕吐，无明显呼吸症状。后期呼吸极度困难，呈犬坐姿势和明显的腹式呼吸，张口伸舌，从口鼻流出泡沫样、浅红色的分泌物，耳、鼻、四肢皮肤呈蓝紫色，在24~36小时内死亡，病死率达80%~100%。

3）慢性型。食欲废绝，不自觉地咳嗽或间歇性的咳嗽，生长迟缓，经过几天至1周，或痊愈或恶化。最初暴发时可见流产，个别猪可见关节炎、心内膜炎和不同部位的脓肿。

2. 病理学诊断

肺严重瘀血、出血，呈暗红色或紫红色，切面呈现肝变，表面有一薄层灰白色纤维素性分泌物与胸壁粘连（彩图3-9）。急性肺炎呈双侧性，肺叶上有界线清晰的肺炎区。膈叶肺炎区变暗、变硬，与正常组织界线清晰，有时肺膈叶上可见散在的局灶性灰白色化脓灶。右肺局部增厚呈乳白色，变硬的肺炎区横切面布满大小不等的白色包囊结节，结缔组织囊壁较厚，囊内充满坏死组织和石灰样钙化。

心外膜有白色絮状物覆盖，心脏横径增大近似圆形，心包膜内有奶酪样渗出物，心包膜与心脏粘在一起，形成纤维素性心包炎，心包积液，胸壁内侧表面覆盖一层黄白色网状物与心包发生粘连，不易分离（彩图3-10）。

腹水增多，肝脏、脾脏、胃肠发生粘连后，继发腹膜炎，腹腔内可见浅红色渗出液及纤维素性渗出凝块。血液呈黑红色，凝固不良，全身淋巴结肿大，色暗红，切面有大理石样病变，肾脏、十二指肠有出血点，回盲口附近有轮层状扣状溃疡。

3. 病原学诊断

染色镜检　采取肺病变组织及其他器官组织，涂片革兰氏染色，镜检可见到多形态的、两极染色的革兰阴性球杆菌或纤细杆菌。

4. 免疫学诊断

ApxⅣ-ELISA 抗体检测　ApxⅣ毒素是猪胸膜肺炎放线杆菌的外毒素，只有猪体内才能够检测到ApxⅣ毒素及其抗体，因此，通过检测猪血清中ApxⅣ抗体，可以确定是否感染。

在630纳米波长处测定各孔的OD_{630}值。实验成立的条件：阳性对照孔$0.6 \leqslant OD_{630} < 1.6$；阴性对照孔$OD_{630} < 0.3$。如样品$S \geqslant P \times 0.25$，判为阳性；如$S < P \times 0.25$，判为阴性。

提示

阳性表明猪群已感染野毒株，阴性未感染野毒株。

注：S为样品孔OD_{630}值，P为阳性对照孔平均OD_{630}值。

5. 类症鉴别

（1）与猪肺疫的鉴别 两者均表现有呼吸道症状。不同点是：猪肺疫多呈散发，咽喉部肿胀，呼吸困难，常呈犬坐姿势，有败血症和纤维素性炎症变化。而猪传染性胸膜肺炎发病突然，传播快，呼吸困难，死亡率高，肺和胸膜有特征性的纤维素性坏死和出血性肺炎，肺表面纤维素附着物与胸膜粘连。

（2）与猪支原体肺炎的鉴别 两者均表现出呼吸道症状。不同点是：猪支原体肺炎传播慢，病程长，无体温反应，反复咳嗽和气喘，病死率不高，肺心叶、尖叶和膈叶呈“肉样”实变。而猪传染性胸膜肺炎发病突然，传播快，呼吸困难，死亡率高，胸膜与肺有纤维素粘连。

二、防治技术措施

1. 健康猪群防控措施

（1）免疫预防 应用猪传染性胸膜肺炎三价灭活疫苗。颈部肌内注射2毫升。用于1型、2型和7型胸膜肺炎放线杆菌病预防，免疫期为6个月。仔猪35~40日龄第1次免疫，首免后4周加强免疫1次。母猪产前6、2周各免疫1次，以后每6个月免疫1次。

（2）防控措施 加强饲养管理，搞好圈舍消毒，提高猪群基础免疫力，做好日常检疫，早发现、早控制。防止引入带菌猪，本病一旦传入，就难以清除。

2. 发病猪群防控、治疗措施

（1）防控措施 一旦发病应及时隔离病猪，对急性病猪及时治疗，彻底消毒圈舍；饲料中添加抗生素类药物，控制本病的蔓延。对发病猪场进行血清学检查，清除带菌猪，净化猪群。

（2）治疗方法 肌内注射以下药物有较好疗效。卡那霉素按10~

15毫克/千克体重，每天2次，连用2~3天，或庆大霉素按2~4毫克/千克体重，每天2次，连用3天，或多西环素按3~5毫克/千克体重，每天1次，连用3天。

第十三节　副猪嗜血杆菌病

副猪嗜血杆菌病又称格拉泽氏病，是由副猪嗜血杆菌引起的猪的细菌性传染病，表现为纤维素性多发性浆膜炎、关节炎、胸膜炎和脑膜炎等。

一、快速诊断及类症鉴别

1. 临床诊断

(1) 发病特点　副猪嗜血杆菌只感染猪，主要侵害断奶前后的仔猪，5~8周龄的猪发病率为10%~15%，严重时死亡率可达50%。其他日龄的猪也可感染，通过呼吸道传播，当存在其他呼吸道疾病时，可诱发本病。

(2) 临床症状　体温升高，食欲不振，呼吸困难，疼痛，腕关节、跗关节肿大、跛行，强迫行走，发出尖叫声，全身颤抖，共济失调，转圈运动，抽搐，皮肤潮红，可视黏膜及耳发绀，死前侧卧或四肢呈划水样。有的无明显症状突然死亡。急性感染猪的后遗症是母猪流产，公猪慢性跛行；病猪消瘦、咳嗽、呼吸困难、跛行是本病的主要症状。

2. 病理学诊断

主要为胸膜炎，关节炎次之，腹膜炎和脑膜炎相对少一些。胸腹腔、心包腔、关节腔均有浆液性或化脓性纤维蛋白渗出物，形成脏器广泛粘连。肺表面附着灰白色纤维素性粘连物，胸壁上有大量纤维素性渗出物，以浆液性、纤维素性渗出为特征，严重的呈豆腐渣样。心外膜上的纤维素性附着物似一根根绒毛（彩图3-11）；心包粗糙、增厚，腹腔有大量黄色腹水，脏器及肠系膜上有大量纤维素性渗出物覆盖（彩图3-12）。

3. 分子生物学诊断

利用聚合酶链反应（PCR）检测副猪嗜血杆菌，具体操作详见表3-1。

表3-1　聚合酶链反应检测副猪嗜血杆菌

操作步骤	详细操作	注意事项
1. 引物设计及合成	上游引物为5-GTGATGAGGAAGGGTGGTGT-3，下游引物为5-GGCTTCGTCACCCTCTGT-3，扩增片段为821bp。合成引物用ddH_2O稀释至20微摩尔/升，于-20℃保存	1. 根据基因文库中发表的副猪嗜血杆菌基因序列，通过引物设计软件分析设计引物 2. 扩增引物不宜反复冻融 3. 及时提取制备病料的总DNA，以防组织自溶、腐败而裂解细菌DNA
2. DNA提取	刮取培养菌落，洗脱于含100微升ddH_2O的离心管中，沸水浴10分钟后，迅速放入-20℃的冰箱中，放置30分钟后取出，室温融化后以10000转/分钟离心5分钟，取上清液作为PCR扩增模板	
3. PCR扩增	反应系25微升：其中exTaq 12.5微升、引物各1微升、模板DNA 2微升、ddH_2O 8.5微升混匀后于94℃ 5分钟。反应程序：94℃ 60秒、55℃ 60秒、72℃ 60秒，30个循环；72℃ 5分钟	
4. 凝胶电泳	取5微升扩增产物于1.2%琼脂糖凝胶（含0.5微克/毫升溴化乙啶），配胶及电泳缓冲液均为1×TAE（40毫摩尔/升Tris-乙酸，1毫摩尔/升EDTA，pH 8.0），120伏电压电泳60分钟	
5. 结果判定	在紫外灯下观察PCR产物在凝胶中的位置，以100bp和1kb DNA Ladder为参照物，出现DNA条带的判定为阳性，未出现DNA条带的判定为阴性	

4. 类症鉴别

（1）与猪传染性胸膜肺炎的鉴别　两者均有体温升高、喘咳和呼吸困难等症状。但猪传染性胸膜肺炎发病急，喘咳和呼吸困难症状明显，程度剧烈，有时呈犬坐姿势张口呼吸，状态痛苦，口鼻流出大量血水样渗出物，无关节炎及神经症状。而猪副嗜血杆菌病猪咳声轻微，且每次只表现两三声短咳。心包和心外膜有大量纤维素性渗出物，胸腔、心包腔、腹腔呈多发性浆膜炎。

（2）与猪繁殖与呼吸综合征、附红体病或弓形虫病的鉴别　副猪嗜血杆菌病常出现高热，皮肤潮红，耳朵发绀，呼吸困难等，与猪繁殖与呼吸综合征、附红体病或弓形虫病相似。猪繁殖与呼吸综合征常伴有明显的母猪流产和一系列其他繁殖障碍，而本病危害主体只是2~4月龄猪，附红体病或弓形虫病的体表出血与本病的体表皮肤潮红、发绀有明显区别。

二、防治技术措施

1. 健康猪群防控措施

（1）免疫预防

1）国产苗。种公猪每半年免疫1次；后备母猪在产前8~9周首免，3周后再免，以后产前4~5周免疫1次；仔猪在2周龄首免，3周后二免。

2）进口苗。母猪全免疫，并在3周后再免1次，以后每隔6个月加强免疫1次；小猪及断奶仔猪3~4周龄进行首免，在3周后再次免疫。每头均肌内注射2毫升。

（2）防控措施　加强饲养管理，注意环境的清洁卫生，消除各种应激因素。做好日常检疫，早发现、早控制。搞好其他呼吸道疫病的免疫预防。

2. 发病猪群防控、治疗措施

（1）防控措施　一旦发病，立即对整个猪群进行大剂量的抗生素注射治疗（抗生素拌料预防效果不佳）。彻底清理猪舍，用2%氢氧化钠溶液喷洒猪圈地面和墙壁，2小时后用清水冲净，再用科星复合碘喷雾消毒，连续消毒4~5天。对猪群用电解质加维生素C粉饮水5~7天，以增强机体抵抗力，减少应激反应。

（2）治疗方法　大剂量肌内注射抗生素，有较好的疗效。复方10%氟苯尼考-5%阿奇霉素注射液、30%氟苯尼考注射液或30%替米考星注射液，注射剂量为0.1毫升/千克体重，每天1次，连用3~5天。硫酸卡那霉素注射液20毫克/千克体重，每晚肌内注射1次，连用5~7天。银黄注射液0.2毫升/千克体重，每天肌内注射1次，连用5~7天。

第十四节　猪结核病

猪结核病是由结核分枝杆菌引起的人和多种家畜、家禽及野生动物共患的一种慢性传染病。此病以渐进性消瘦，组织器官内形成结核结节和干酪样钙化坏死灶为特征。

一、快速诊断及类症鉴别

1. 临床诊断

（1）发病特点 对猪致病的结核杆菌有人、牛和禽3个型。猪结核病可由牛结核和人结核及禽结核传染，猪、鸡、牛混合饲养，会增加猪的感染机会。此病由消化道、呼吸道及损伤的皮肤黏膜而感染，呈散发性流行，发病率和死亡率不高。

（2）临床症状 一般生前不表现明显临床症状，只有发病严重的病猪才表现为消瘦、咳嗽、气喘。当肠道有病灶时则发生下痢。猪感染牛分枝杆菌，预后不良，常以死亡为终结。

2. 病理学诊断

咽部、颈部及肠系膜的淋巴结核可形成拇指至拳头大的硬块，不热不痛，表面凹凸不平，并与周围皮肤黏膜粘连，硬结化脓，破溃后长期排出脓汁和干酪样物质。偶尔也可在肝脏、肺等器官见到结核，病灶坚实、隆起，呈灰色或灰黄色，中心干酪样坏死或钙化，周围界线比较明显，而呈弥漫性增生者无明显干酪样坏死，周围界线也不明显。

3. 病原学诊断

（1）染色镜检 采取结核病灶内的干酪样物涂片，待干燥后进行火焰固定、抗酸染色。滴加苯酚复红液并微加热至有蒸汽出现后放置5~10分钟，水洗，防止染液干燥，加50%盐酸酒精脱色30~60秒，水洗后用碱性亚甲蓝液复染2~3分钟，再水洗、干燥、镜检。结核杆菌被染成红色，其他细菌或杂质被染成蓝色。显微镜下常见几个菌聚集成堆，如能找到大量的结核杆菌，即可确诊。

（2）动物试验 将病料于腹腔或肌内接种2~3只健康豚鼠，经3周左右扑杀，如结核杆菌为牛型或人型，则在腹膜、肝脏、脾脏和淋巴结中有新鲜的结核结节，肝脏呈脂肪变性。如结核杆菌为禽型，则主要在注射部位形成脓肿，并在附近淋巴结出现病灶。

4. 类症鉴别

（1）与猪化脓性淋巴结炎型链球菌病的鉴别 两者均表现颌下淋巴结、咽、耳下和颈部淋巴结肿胀、坚硬等症状。不同点是：猪链球菌病还有热感和痛感，肿胀部位化脓成熟后破溃、流脓，并结疤愈合。若病猪还有一些败血型链球菌的病变，则更易与结核病区别。

第三章

（2）与猪支原体肺炎的鉴别　两者均有咳嗽、气喘等症状。不同点是：猪支原体肺炎病猪早、晚和运动后咳嗽明显，肺心叶、尖叶、中间叶、膈叶前缘有胰变区和肝变区。

（3）与猪肺疫的鉴别　两者均有咳嗽、气喘等症状。不同点是：猪肺疫急性死亡快，有一定的死亡率，先干咳后湿咳，实质器官有出血性病变，肺有肝变区，呈大理石样花纹。

二、防治技术措施

1. 健康猪群防控措施

（1）免疫预防　生产中对猪结核病并不免疫预防，主要采取综合防控措施。

（2）防控措施　加强饲养管理，提高猪群基础免疫力。反复检疫，淘汰隐性感染猪，培育健康猪群。引种时注意隔离检疫。猪场内不可饲养牛和鸡，以免交互感染，未经处理的鸡粪不能喂猪。开放性结核病人不能从事饲养工作，更不能使用结核病医院的残羹喂猪。

2. 发病猪群防控、治疗措施

（1）防控措施　立即淘汰病猪及隐性感染猪，将病变部位废弃深埋或焚烧，应注意个人防护，污染场地和用具用20%漂白粉或20%石灰乳进行消毒，猪舍应消毒2～3次，经3～6个月空舍方可再度养猪。

（2）治疗方法　尽管结核杆菌对链霉素、异烟肼等药物敏感，但对发病猪通常不予治疗。

第十五节　猪支原体肺炎

猪支原体肺炎又称猪喘气病、猪气喘病、地方流行性肺炎，是猪的一种慢性接触性呼吸道传染病。本病主要表现为气喘和咳嗽，死亡率不高，但会造成长期生长发育不良，饲料报酬低。

一、快速诊断及类症鉴别

1. 临床诊断

（1）发病特点　本病自然发生于各种猪。2～5月龄仔猪发病率和死亡率均高，其次是妊娠后期及哺乳母猪，成年猪和一般母猪多呈慢性或隐性感染，很少死亡。病猪症状消失后1年仍可排菌，经呼吸道传播。新疫区多呈暴发性流行，病势凶猛呈急性经过，发病率和病死率都很高；老疫区呈慢性和隐性经过。

（2）临床症状 潜伏期几天至1个月。

1）急性型。猪群突然发病，张口喘气，呼吸次数剧增，口鼻流泡沫样物，发出类似拉风箱的哮鸣声，咳嗽少而低沉，有时发生痉挛性阵咳，呈现犬坐姿势，腹式呼吸，体温一般正常。食欲减少或废绝，病程3~5天。

2）慢性型。急性不死的转为慢性，长期咳嗽，以清晨或晚间、运动及进食后发生，咳嗽时站立不动，弓背，颈伸直，头下垂，直到呼吸道中分泌物咳出咽下为止。随着病程延长，出现不同程度的呼吸困难，体温不高，病程长达2~6个月。

3）隐性型。不表现任何症状，偶见咳嗽和气喘，仍能照常育肥，但X射线透视检查或剖检可发现肺部有不同程度的肺炎病变。

2. 病理学诊断

肺尖叶、心叶、中间叶、膈叶的前下部，形成左右对称的浅红色或灰红色、半透明、界线明显、似鲜嫩肌肉样的病变，俗称“肉变”。随病情加重，病变色泽变深，坚韧度增加，外观不透明，俗称“胰变”或“虾肉样变”。肺门和纵隔淋巴结显著肿大。

3. 影像学诊断

利用X光机对可疑猪进行透视具有重要诊断价值。操作方法如下：猪以直立背胸位为主，侧位或斜位为辅，病猪肺野内侧区及心膈角区有不规则的云絮状渗出性阴影，密度中等，边缘模糊，即为病变区。

4. 病原学诊断

染色镜检 猪支原体为革兰阴性，无细胞壁，用姬姆萨氏或瑞特氏染色可见到多形态微生物，呈现球状、环状、杆状、点状和两极状。

5. 类症鉴别

（1）与猪肺疫的鉴别 两者均表现气喘、咳嗽等症状。不同点是：猪肺疫呈散发或地方性流行，有明显败血症表现，急性发病者很快死亡，可见败血症病变和纤维素性肺炎，从病猪肺和心血中可分离到多杀性巴氏杆菌。

（2）与猪传染性胸膜肺炎的鉴别 两者均表现气喘、咳嗽等症状。不同点是：猪传染性胸膜肺炎死亡率较高，病猪体温升高，食欲下降或不食，肺部病变大多为两侧性，肺炎区质硬，切面易碎。纤维素性胸膜炎明显，胸腔积有血色液体。

二、防治技术措施

1. 健康猪群防控措施

（1）免疫预防

1）灭活苗。仔猪、后备种猪皮下或肌内注射2~3毫升。免疫期为4~6个月，疫区每6个月免疫1次。

2）活苗。免疫效果不理想。

（2）防控措施　坚持自繁自养，杜绝病原进入，原则上不从外地引进猪只，必须引进种猪时，应严格隔离检查3个月，采用X射线透视2~3次确认无本病后方可混群。

2. 发病猪群防控、治疗措施

（1）防控措施　一旦发病，应立即隔离病猪进行治疗或淘汰，对猪舍及有关器具进行消毒。对有价值的母猪经1~2个疗程治疗，确认无症状后再进行配种，在隔离舍中产仔，观察到断奶无临诊症状，经X射线透视或剖检证明为健康猪后，进行隔离饲养。

对假定健康母猪所产的仔猪，在哺乳期内每2周进行1次X射线检查，健康仔猪可接种灭活苗，确定为后备健康猪群。

（2）治疗方法　肌内注射土霉素按50毫克/千克体重，首次注射用量加倍，卡那霉素按2万~4万单位/千克体重，交替使用，每天1次，连用5天。或肌内注射恩诺沙星按2.5毫克/千克体重，每天2次，连用5天。

第十六节　猪痢疾

猪痢疾又称猪血痢，是由猪痢疾短螺旋体引起的猪的一种危害严重的肠道传染病。临床上以黏液性或出血性下痢为其特征。

一、快速诊断及类症鉴别

1. 临床诊断

（1）发病特点　自然情况下仅猪发病，各种猪均易感，多发于断奶后的架子猪，发病率为70%~80%，病死率为30%~60%。带菌猪一般不发病，有应激因素存在时，可促使本病的发生和流行。

（2）临床症状　在新疫区，病猪无明显症状，常突然死亡。

1）急性型。先拉软粪，后为黄色稀粪，内有黏液或带血。严重时呈红色糊状，内有大量黏液、血块及脓性分泌物，有的拉灰色、褐色甚至绿色糊状粪，有时带有很多小气泡，并混有纤维素性坏死伪膜。病猪厌食，渴欲增加，弓背，行走摇摆，用后肢踢腹，迅速消瘦，后期排粪失禁，极度衰弱，最后死亡。

2）亚急性和慢性型。下痢，粪中黏液和坏死组织碎片较多，血液较少；病期较长，进行性消瘦，生长停滞。部分自然康复猪仍可复发或死亡。病程7～10天。

2. 病理学诊断

卡他性、出血性大肠炎，表现肠段肿胀，黏膜充血和出血，肠内容物稀薄，混有黏液和血液。慢性病死猪呈纤维素性、坏死性大肠炎，在肠黏膜表面形成伪膜，外观似麸皮和豆腐渣样的病变，剥去伪膜露出浅表的糜烂面。在发病的各个时期，在黏膜表层及腺窝内可查到猪痢疾短螺旋体。

3. 病原学诊断

染色镜检 取病变的结肠黏膜涂片，用姬姆萨氏或草酸铵结晶紫染色3～5分钟，或将病料加生理盐水，制成悬滴标本用相差或暗视野显微镜观察，每一视野见到3～5条弯曲的较大螺旋体可判为阳性。若少于3～5条为正常。

4. 类症鉴别

（1）与仔猪副伤寒的鉴别 两者均表现为体温升高，粪中混有血液，大肠壁肥厚，黏膜坏死等症状。不同点是：仔猪副伤寒的耳、胸、腹等部位出现紫红色斑点，肝实质有糠麸样黄色坏死灶，脾脏肿大，呈蓝色，肠系膜淋巴结如大理石样。

（2）与猪传染性胃肠炎的鉴别 两者均表现为体温升高，排带血具腥臭粪便等症状。不同点是：猪传染性胃肠炎多发于冬季，哺乳仔猪死亡率很高，架子猪和育肥猪虽出现拉稀，但很少引起死亡，肠壁呈半透明状。

（3）与猪流行性腹泻的鉴别 两者均表现厌食、腹泻等症状。不同点是：猪流行性腹泻多发于冬季，哺乳仔猪的发病率和死亡率都很高，育成猪症状较轻，成年猪除发生呕吐外不表现其他临床症状。

二、防治技术措施

1. 健康猪群防控措施

（1）免疫预防 目前国内外尚无有效菌苗。

（2）防控措施　坚持自繁自养，加强卫生消毒，严禁从疫区引进种猪，必须引种时要隔离检疫，始终保持猪舍清洁干燥。

2. 发病猪群防控、治疗措施

（1）防控措施　猪场发病时，最好全部淘汰病猪，根除传染源。对发病群及时用药物治疗和实施药物预防。

（2）治疗方法　在每吨饲料中加入100～200克四环素族抗生素，连喂3～5天；36%硫酸新霉素预混剂，每吨饲料中加入300克，连喂3～5天，停药20天；每吨饲料中加入400克杆菌肽，连喂21天。预防用药时剂量减半使用。

第十七节　猪李氏杆菌病

猪李氏杆菌病是由李氏杆菌引起的人、家畜和禽类的共患传染病。猪以脑膜炎、败血症和单核细胞增多症、妊娠母猪发生流产为特征。病猪具有典型的神经症状。

一、快速诊断及类症鉴别

1. 临床诊断

（1）发病特点　多发于哺乳仔猪及断奶不久的保育猪，常呈散发，致死率很高。多种野生动物易感，鼠是本菌的储菌宿主，在疾病传播中起重要作用。本病由消化道、呼吸道、眼结膜和损伤的皮肤传播。

（2）临床症状　突然发病，病猪体温升高，不吮乳，呼吸困难，粪便干燥或腹泻，皮肤发紫，后期体温下降，病程1～3天；意识障碍，兴奋，共济失调，肌肉震颤，无目的地走动或转圈，或不自主地后退；有的头颈后仰，呈观星姿势；严重的倒卧，抽搐，口吐白沫，四肢乱划，遇刺激时则出现惊叫，病程3～7天，终归死亡。妊娠母猪感染后常发生流产，一般引起妊娠后期母猪的流产。

2. 病理学诊断

脑及脑膜充血、水肿，脑脊髓液增加，稍混浊，内含较多细胞，脑干变软，有小脓灶，单核细胞浸润。患败血症严重的病猪，肺充血、水肿，气管、支气管常有泡沫样液体，肝脏可见灰白色小坏死灶，心肌柔软，内外膜有出血点，肠系膜淋巴结肿大。流产母猪子宫内膜充血并发生广泛坏死，胎盘子叶常见有出血和坏死，流产胎儿的肝脏有大量的小坏死灶。

3. 病原学诊断

（1）染色镜检 采取肝脏、脾脏、脊髓液及脑桥等病料涂片，革兰氏染色镜检，如发现单个或两个排成“V”字形或并列，呈紫色两端钝圆的细长小杆菌即可确诊。

（2）动物试验 用病料或24小时纯培养菌1滴，滴入家兔或豚鼠眼内，另一侧眼作对照，1天后发生化脓性结膜炎，或不久发生败血症死亡。也可将0.5毫升纯培养物接种于幼兔耳静脉，观察其血液中单核细胞上升情况。或取0.2毫升肉汤培养物腹腔注射于10~20克小鼠，3~5天扑杀，观察肝脏、脾脏表面形成的坏死灶。妊娠2周的动物接种后可发生流产。

4. 类症鉴别

（1）与伪狂犬病的鉴别 两者均表现有神经症状。不同点是：伪狂犬病妊娠母猪常发生流产，产死胎、木乃伊胎、弱仔；仔猪感染后，发病率和死亡率极高，将病料接种家兔，在接种部位表现奇痒并且引起死亡。

（2）与猪传染性脑脊髓炎的鉴别 两者均表现神经症状。不同点是：猪传染性脑脊髓炎仅发生于猪，新疫区呈全群暴发；在神经细胞质内有嗜酸性包涵体；取病料涂片染色镜检虽然看不到细菌；但病料感染仔猪时则引起仔猪发病死亡。

（3）与猪血凝性脑脊髓炎的鉴别 两者均表现神经症状。不同点是：猪血凝性脑脊髓炎一般是由于引入新的种猪后发病，在侵害猪群中的一窝或几窝乳猪之后，本病即会自然停止，病猪先表现呕吐、便秘、嗜睡等症状，后出现神经症状，体温一般不高。

二、防治技术措施

1. 健康猪群防控措施

（1）免疫预防 目前尚无有效的菌苗。

（2）防控措施 加强饲养管理，处理好粪尿。减少饲料和环境中的细菌污染。不要从有病的猪场引种，做好猪场的灭鼠工作。

2. 发病猪群防控、治疗措施

（1）防控措施 猪群发病时，应及时隔离治疗，严格消毒，无害化处理病死猪，防止人感染本病。污染的猪舍、用具、水源可用2%氢氧化钠或5%漂白粉消毒处理。消灭猪场的鼠类。

（2）治疗方法　早期大剂量交替应用庆大霉素按1～2毫克/千克体重和氨苄西林按4～11毫克/千克体重，每天2次肌内注射。但对于有神经症状的乳猪，疗效不佳。

第十八节　猪坏死杆菌病

猪坏死杆菌病是由坏死杆菌引起的各种哺乳动物和禽的一种创伤性传染病。其特征是在损伤的皮肤和皮下组织、口腔和胃肠道黏膜处发生坏死，并可在内脏器官形成转移性坏死灶。

一、快速诊断及类症鉴别

1. 临床诊断

（1）发病特点　主要发生于仔猪和架子猪，呈散发或地方流行，经损伤的皮肤和黏膜传播。5～10月多发，特别是炎热、多雨、潮湿季节。常与口蹄疫、猪痘、仔猪副伤寒、猪瘟等并发或继发。母猪可因乳房受伤感染。新生仔猪可通过脐带感染。仔猪可因生齿时感染，发生坏死性口炎。

（2）临状症状

1）坏死性皮炎。病猪病初为皮肤上凸起小丘疹，局部发痒，表面结痂、质硬，痂下组织发生坏死，坏死组织腐烂，流出灰黄色或灰棕色恶臭液体，皮肤发生溃烂；严重时坏死深达肌肉或骨骼。如果波及四肢，则高度跛行。当背部大块皮肤发生干性坏死时，如盔甲样覆盖体表，最后可脱离猪的背部。严重病例可引起死亡。母猪也可发生乳头和乳房皮肤坏死，甚至乳腺坏死。

2）坏死性口炎。仔猪多发，表现为厌食、体温升高、流涎、口臭、流鼻液；舌、齿龈、上颌、颊部、喉头等处黏膜有伪膜形成，呈灰褐色或灰白色，易剥脱，剥离后可见不规则的溃烂面；吃食、吞咽、呼吸困难。如波及肺部，可形成化脓性肺炎，往往导致死亡。

3）坏死性肠炎。表现为严重腹泻，排出带脓样黏稠稀便，或有混坏死黏膜，便恶臭。

4）坏死性鼻炎。表现为咳嗽，从鼻孔流出脓性鼻液，减食，呼吸困难，鼻黏膜溃疡，表面覆盖有黄白色伪膜。

2. 病理学诊断

坏死性皮炎和坏死性口腔炎的病理变化与临床相似，不再重复。坏死性肠炎，可见肠道黏膜坏死和溃疡，溃疡表面覆盖有坏死伪膜，剥离后可见大小不等的不规则的溃疡灶。本病常与猪瘟、猪副伤寒并发或继发。如有转移性病灶，则转移器官有数量不等、大小不同的灰黄色坏死结节，切面多干燥。

3. 病原学诊断

（1）染色镜检 在病健组织交界处取样，制成抹片，用等量酒精与乙醚混合液固定，用碱性复红-亚甲蓝、稀释苯酚复红或碱性亚甲蓝染色，镜检可见革兰阴性佛珠状的长丝形菌体或细小杆菌。

（2）动物试验 将病料用生理盐水制成悬液，于家兔耳外侧皮下注射0.5～1毫升，小鼠尾根注射0.2～0.4毫升。2～3天后，家兔接种部位形成坏死区，耳下垂，经8～10天死亡。小鼠注射部位发生脓肿，5～6天发生坏死，8～12天内死亡。内脏有转移性坏死灶。肝脏涂片镜检发现该菌，即可确诊。

4. 类症鉴别

（1）与仔猪副伤寒的鉴别 两者均表现为消瘦、拉血便。不同点是：肠炎型仔猪副伤寒表现为体温升高，先便秘后下痢，而坏死性肠炎常与仔猪副伤寒、猪瘟并发或继发，临床上表现为严重腹泻，粪便中带有血液，呈现恶臭。

（2）与猪口蹄疫的鉴别 两者均表现为食欲不振，体温升高，口流涎。不同点是：猪口蹄疫传播快，除口腔有炎症和溃疡外，蹄部、母猪乳头都可发生水疱和溃疡。

二、防治技术措施

1. 健康猪群防控措施

（1）免疫预防 本病无商品化菌苗，用福尔马林灭活苗和菌体裂解物进行人工免疫试验，效果不佳。

（2）防控措施 猪舍保持清洁卫生、干燥，并应定期消毒，防止潮湿，避免拥挤；防止猪只相互咬斗和发生外伤，饲料中不要缺乏矿物质、维生素。一旦发现皮肤外伤应及时用5%碘酊消毒，预防感染。

2. 发病猪群防控、治疗措施

（1）防控措施 对发病猪舍，要清除圈内污水、污物，并进行消毒。病死猪或病猪腐败组织应及时深埋，其上撒盖漂白粉或生石灰。及时隔离治疗病猪。

(2) 治疗方法　彻底清除坏死灶的坏死组织，先用0.1%高锰酸钾溶液冲洗，后在患部涂消炎软膏，再配合全身治疗（如肌内或静脉注射磺胺类、四环素、土霉素、金霉素、螺旋霉素等药物），有良好效果，既可控制继发感染又可控制病情发展。

第十九节　猪土拉杆菌病

猪土拉杆菌病是由土拉费朗西斯菌引起的多种野生动物、家畜及人共患的一种急性传染病。其特征是体温升高、淋巴结肿大、脾脏和其他内脏坏死。

一、快速诊断

1. 临床诊断

(1) 发病特点　野兔和野生啮齿动物是本菌的自然储菌宿主，经蜱、蚊吸血将病菌传播给家畜和人，也可经消化道传播。各种家畜均易感，仔猪发病较多，成年猪多呈隐性感染。春末、夏初是本病的高发期。

(2) 临床症状　精神沉郁，食欲减退，体温升高，机体衰弱，呼吸困难，呈现腹式呼吸，有时表现咳嗽，病程7～10天，多数病猪能够耐过，死亡率较低，潜伏期1～3天。其发病率和病死率均不高。

2. 病理学诊断

颌下、腮腺淋巴结及其他体表淋巴结肿大、化脓，支气管肺炎，胸膜炎，肝实质变性。

3. 病原学诊断

(1) 染色镜检　采取肝脏、脾脏、肾脏组织和血液制成压印触片。用亚甲蓝染色，镜下呈零散细小点状革兰阴性菌，无芽胞和运动性，呈两极染色的细菌。

(2) 皮肤变态反应　皮肤变态反应在病后6～8天即可出现。用土拉费朗西斯菌素注射病猪尾根皮内0.2毫升，注射后24小时、48小时观察结果。局部发红、肿胀、疼痛者判为阳性。仅有不明显的水肿判为可疑。无任何变化的判为阴性。

二、防治技术措施

1. 健康猪群防控措施

(1) 免疫预防　通常采用冻干弱毒菌苗，皮肤划痕接种，免疫期为5年。

（2）防控措施 加强饲养管理，严禁饲养其他动物，猪场应注意驱除野生啮齿动物和体外寄生虫，搞好猪场的消毒工作。

2. 发病猪群防控、治疗措施

（1）防控措施 一旦发现病猪，应及时隔离治疗，对圈舍、用具认真消毒。由于人也易感本病，应注意自身防护。

（2）治疗方法 以链霉素疗效最好，肌内注射按10～15毫克/千克体重，每天1次，连用3～5天。其次是土霉素和金霉素。

第二十节 猪钩端螺旋体病

猪钩端螺旋体病是由致病性钩端螺旋体引起的人、畜共患的一种自然疫源性传染病，也称为细螺旋体病。在家畜中主要发生于猪、牛、马、羊、犬，其特征为发热、黄疸、血红蛋白尿，出血性素质、流产、皮肤和黏膜坏死、水肿。

一、快速诊断及类症鉴别

1. 临床诊断

（1）发病特点 发病具有季节性，以6～9月多发，各种年龄的猪都易感，但以幼龄猪多发。一般呈散发，间隔一定时间成群暴发。鼠类为多种菌型的贮菌宿主，可以终生带菌，是主要自然疫源。此病的主要传播途径为皮肤，其次是消化道、呼吸道以及生殖道黏膜。吸血昆虫叮咬、人工授精以及交配等均可传播本病。

（2）临床症状

1）急性型。病猪突然发病，体温升高，稽留热3～5天，病猪精神沉郁，厌食，腹泻，皮肤干燥，全身皮肤和黏膜黄疸，后肢出现神经性无力，震颤；有的病例出现血红蛋白尿，尿液色如浓茶色；粪便呈绿色，有恶臭味，病程长可见血粪。死亡率可达50%以上。

2）亚急性和慢性型。主要以损害生殖系统为特征。眼结膜潮红、水肿或泛黄，有的颌下、头颈部和全身水肿。妊娠不足4～5周的母猪感染后流产率可达20%～70%。妊娠后期的母猪感染后可产弱仔，仔猪不能站立，不会吸乳，1～2天内死亡。

2. 病理学诊断

全身性黄疸和各器官、组织广泛性出血以及坏死为特征。皮肤、皮下组织、浆膜和黏膜黄染，心脏、肺脏、肾脏、肠系膜和膀胱黏膜出血。

肾脏肿大、皮质部有散在灰白色病灶。淋巴结肿大、出血，肝脏肿大，呈黄棕色，胆囊肿大、充盈，皮肤坏死，皮下水肿。心包和胸腹腔有黄色积液，膀胱积有红色或深黄色尿液。

3. 病原学诊断

（1）染色镜检　选择未经治疗的病猪采样，早期采血，后期采尿液，死后2~3小时内可从肝脏和肾脏检出菌体，否则难以检出菌体。取病料直接抹片，或将病料做成液滴压片标本，置于暗视野显微镜下观察。常用镀银法染色，钩端螺旋体呈棕黑色，背景为浅棕黄色，菌体呈细小的串珠状，一端或两端弯曲成钩状。

（2）动物接种　取上述病料于腹腔接种3月龄豚鼠或仓鼠，每天观察、测温，发现体温升高、体重减轻、活动迟钝、食欲减少、被毛松乱、黄疸、天然孔出血者即表示发病，也可在濒死期扑杀，检查菌体。

4. 类症鉴别

（1）与仔猪溶血病的鉴别　两者均表现黄疸、血红蛋白尿。不同点是：仔猪溶血病发病快，死亡率高，多发于仔猪，皮下组织黄染，肝脏肿大，颜色发黄，血液稀薄不易凝固。

（2）与猪白肌病的鉴别　两者均可发生血红蛋白尿。不同点是：猪白肌病发生运动障碍比较突然，呼吸困难，肌肉苍白，呈蜡样坏死灶。

二、防治技术措施

1. 健康猪群防控措施

（1）免疫预防　多价灭活菌苗。皮下或肌内注射，15千克以下的猪注射5毫升，15~40千克以上的注射8~10毫升，免疫期4~6个月。

（2）防控措施　加强饲养管理，由于本病分布广、菌型多，且普遍呈隐性感染，所以要防止水源、农田污染，搞好圈舍及环境卫生，大力灭鼠控制带菌动物。

2. 发病猪群防控、治疗措施

（1）防控措施　及时隔离、封锁和治疗发病猪，对污染的环境、用具及时消毒。搞好灭鼠工作，防止水源、饲料和环境受到污染；场内禁止养犬、鸡、鸭。

（2）治疗方法　青霉素、链霉素混合肌内注射，每天2次，3~5天为一个疗程。土霉素或四环素肌内注射，每天1次，连用4~6天。严重病例，静注葡萄糖、维生素C和强心利尿的药物，可提高治愈率。

第二十一节　猪衣原体病

猪衣原体病又称流行性流产、衣原体性流产，是由鹦鹉热衣原体的某些菌株引起的一种慢性接触性传染病，以流产、肺炎、脑炎、多发性关节炎为特征。

一、快速诊断及类症鉴别

1. 临床诊断

（1）发病特点　各种猪均易感，但以妊娠母猪和幼龄仔猪最易感。衣原体存在于多种动物体和几乎所有的鸟粪中。通过粪便、胎衣、羊水等污染水源和饲料，经消化道、呼吸道或交配传播本病；蝇、蜱可起到传播媒介的作用。本病呈地方流行性。康复猪可长期带菌。

（2）临床症状　妊娠母猪表现早产、流产、胎衣不下、不孕症及产下弱仔或木乃伊胎。初产母猪发病率高达40%~90%。母猪流产前一般无任何表现，体温正常，少数体温升高。产出仔猪部分或全部死亡，活仔多体弱、瘦小、吃奶无力，多在出生后数小时或1~2天内死亡，死亡率高达70%。公猪可出现睾丸炎、附睾炎、尿道炎等症状。

仔猪还会表现出肠炎、多发性关节炎、结膜炎，断奶前后常患支气管炎、胸膜炎和心包炎。体温升高，食欲废绝，咳嗽，气喘，腹泻，跛行，关节肿大，有的可出现神经症状。

2. 病理学诊断

前期流产胎儿，仅见带血色的皮下水肿，体腔渗出液增多，清亮呈红色。接近足月流产的胎儿，外表看来新鲜、洁净，皮下和肌肉有出血斑点，有不同程度的含血性水肿，尤以脐、腹股沟、鼻背和脑后更为严重。关节腔内充满纤维素性渗出液，用针刺时流出灰黄色混浊液体，内有灰黄色絮片。肺呈现不规则凸起，并连成片，质地坚硬，往往扩散到肺组织深部，病灶与健康肺组织界线明显。肠炎型多见于流产胎儿和新生仔猪，胃肠道有急性局灶性卡他性炎症及回肠的出血性变化。

3. 病原学诊断

染色镜检　病变组织涂片，用姬姆萨氏法染色，衣原体和包涵体被染成鲜红色，背景为紫红色，镜检可见呈球状的衣原体和包涵体。

4. 免疫学诊断

间接血凝试验，反应在96孔V型有机玻璃板上进行，被检血清用稀

释液以 4 的倍比稀释，每孔 25 微升。冻干诊断抗原，用稀释液稀释后，每孔加 25 微升，将反应板置微型振荡器上振荡 1～2 分钟，盖上盖子，于 22～37℃作用 2 小时进行结果判断。红细胞沉于血凝板孔底，呈圆点状者为不凝集；红细胞均匀分布于孔底周围为凝集。被检血清的滴度以 1:16 呈现“＋＋”以上凝集者判为阳性，1:8 判为可疑，1:4 判为阴性。

5. 类症鉴别

（1）与布氏杆菌病的鉴别　两者均表现为母猪流产，产死胎，公猪睾丸炎。但布氏杆菌病多呈慢性发作，阴门流出血色黏液，胎衣不滞留，试管或平板凝集试验呈现阳性反应。

（2）与猪细小病毒病的鉴别　两者均表现流产，产死胎、不同点是：猪细小病毒发病的妊娠母猪可以重新发情，但不会分娩，不表现任何临床症状，公猪不表现睾丸炎。

（3）与伪狂犬病的鉴别　两者均表现流产，产死胎、弱仔等症状。不同点是：伪狂犬病患病母猪多呈一次性经过，新生仔看似健康，但1～2 天后，突然发生昏迷，口吐白沫，四肢游泳状划动，呼吸困难，而后惊叫死亡。

（4）与猪繁殖与呼吸综合征的鉴别　两者均表现流产，产死胎、弱仔等症状。不同点是：患猪繁殖与呼吸综合征的妊娠母猪体温升高，不食，呼吸困难，流产多发于预产期的前 1 周或后 1 周，一般多呈现死胎。

二、防治技术措施

1. 健康猪群防控措施

（1）免疫预防　猪衣原体灭活菌苗。母猪肌内注射 2～3 毫升，初产母猪配种前免疫 2 次，间隔 1 个月，经产母猪配种前免疫 1 次，免疫期为 1 年。

（2）防控措施　禁止从阳性种猪场引种，引种时要严格检疫，搞好猪场的环境卫生消毒，避免健康猪与其他易感哺乳动物接触。

2. 发病猪群防控、治疗措施

（1）防控措施　猪群发病时，应及时隔离病猪，分开饲养，清除流产死胎、胎盘及其他病料，进行深埋或焚烧。对猪舍和产房用苯酚、福尔马林喷雾消毒。

（2）治疗方法　仔猪肌内注射多西环素按 1～3 毫克/千克体重，每

第三章

天1次，连续5天。或肌内注射1%土霉素按1毫升/千克体重，每天1次，连用5天。母猪每吨饲料拌四环素400克，连用21天。

第二十二节 猪破伤风

猪破伤风是由破伤风梭菌引起的人和动物共患的一种急性、中毒性传染病。其特征是全身肌肉或局部肌群呈现持续性痉挛性收缩，对外界刺激的反射兴奋性增高。

一、快速诊断及类症鉴别

1. 临床诊断

（1）发病特点 各种猪均易感，仔猪比老龄猪易感性强，猪多发生于去势后，呈散发流行。雨季和产仔去势季多发。破伤风梭菌形成的芽胞广泛存在于土壤等外界环境中，当伤口封闭、局部形成厌氧环境时，破伤风梭菌则生长繁殖，产生毒素引起发病。

（2）临床症状 潜伏期长短不一，病猪四肢僵直，运动不灵活，尾部不能活动，牙关紧闭，流涎，瞬膜凸出，对外界的刺激兴奋性增高，一遇到刺激，病猪即可发出尖细的叫声，发病严重者全身痉挛，角弓反张，心跳及呼吸加快，最后导致死亡。

2. 病理学诊断

无特征性病理变化，一般不进行病理学诊断。

3. 病原学诊断

（1）染色镜检 取创伤分泌物或深部坏死组织涂片，或将病料接种于8%甘油冰醋酸肉汤中，厌氧培养后再做涂片染色。镜下可看到革兰阳性大杆菌，芽胞位于菌体一端，状如鼓槌，周身鞭毛，无荚膜，多单在，有时呈短链状、即可确诊。

（2）动物试验 用培养物滤液接种于小鼠尾根部皮下，2~3天后出现肌肉强直症状。或采病猪全血0.5毫升，肌内注射于小鼠臀部，于18小时后出现弓腰、直尾等症状，即可确诊。

4. 类症鉴别

本病与猪传染性脑脊髓炎在临床症状上较为相似，应注意鉴别。其鉴别要点如下：患传染性脑脊髓炎的病猪体温升高，呕吐，惊厥，后期知觉麻痹，四肢呈游泳状划动，最后衰竭死亡，不表现肢体僵硬，牙关紧闭，吞咽困难。

二、防治技术措施

1. 健康猪群防控措施

（1）免疫预防　精制破伤风类毒素。皮下注射，仔猪每头0.5毫升，大猪每头1毫升。免疫期为1年。次年可再注射1次，免疫期长达4年。在仔猪断脐、去势和受到外伤时，可肌内注射精制破伤风抗毒素3000～5000单位，其预防期可维持2周左右。

（2）防控措施　加强饲养管理，防止各种外伤感染，如有外伤要及时进行外科处理。断脐、去势时，注意无菌操作，防止手术伤口污染。

2. 发病猪群防控、治疗措施

（1）防控措施　发病后及时治疗，加强护理，最好将病猪单独置于光线较暗的干净圈舍中，环境保持安静，尽量避免各种声音刺激，减少痉挛发生的次数与强度。对采食困难的病猪要给予营养丰富的流食，不能吃食者用胃管灌服。

（2）治疗方法

1）伤口处理。为清除病原，必须彻底清除脓汁、异物、坏死组织及痂皮，用3%过氧化氢、0.1%高锰酸钾溶液或5%碘酊消毒创面。

2）中和毒素。应用破伤风抗毒素一次大剂量肌内注射或静脉注射，每头20万～80万单位，注射时间越早效果越好。

3）对症治疗。为镇静解痉，可肌内注射25%硫酸镁溶液4～10毫升，每天1次，连用2～3天。出现酸中毒时，静脉注射5%碳酸氢钠溶液100～250毫升。

第二十三节　猪恶性水肿

猪恶性水肿是由腐败梭菌引起多种家畜感染的一种创伤性急性传染病。其特征为创伤局部发生急剧炎性气性水肿，并伴有发热及全身性毒血症。

一、快速诊断及类症鉴别

1. 临床诊断

（1）发病特点　本病多呈散发型，各种猪均易感。其病原体广泛存在于外界环境中，在体内外均可形成芽胞，菌体生长时能产生强烈的外毒素。本病主要通过创伤感染。当口腔、胃肠道存在溃疡时，也可感染发病。

（2）临床症状 潜伏期为12～72小时，临床表现两种类型：一种是因创伤感染，在创伤局部组织发生水肿，并迅速向周围蔓延，出现肿胀、热痛，后期则无热无痛，随着毒血症的发生，病猪出现全身症状，如精神沉郁，食欲减退或废绝，体温升高，呼吸困难。另一种为快疫型，病菌芽胞由胃黏膜感染后导致胃黏膜肿胀增厚变硬，形成所谓的“橡皮胃”。若不及时治疗，多数可在1～2天内死亡。

2. 病理学诊断

创伤感染的局部明显肿胀，切开肿胀部位流出大量红黄色或红褐色带有气泡和酸臭味的液体，肌肉呈暗红色或棕色，易撕裂。局部淋巴结显著肿大、出血和水肿，肺瘀血、水肿，肝脏、肾脏稍肿胀，有灰黄色病灶，腹腔及心室有大量积液。经消化道感染的病死猪，其胃黏膜肿胀增厚变硬。

3. 病原学诊断

（1）染色镜检 取病变坏死组织或肝脏涂片，自然干燥、火焰固定后，用革兰氏染色法染色，镜检可看到革兰阳性大杆菌，菌体形成微弯曲的长丝状，芽胞比菌体大，成卵圆形，位于菌体的中央或近端。

（2）动物试验 取病料制成1∶10悬液接种于豚鼠，18～24小时则发病死亡。注射部位发生严重出血、水肿，肌肉湿润，呈鲜红色，水肿液涂片检查可见腐败梭菌。

4. 类症鉴别

（1）与猪肺疫的鉴别 两者均表现外部肿胀。不同点是：猪肺疫主要在咽喉部肿胀，肺部可见充血、水肿，切面呈大理石样的外观。

（2）与猪水肿病的鉴别 两者均有水肿表现。不同点是：水肿病主要发生在眼睑、胃大弯和贲门部位的胃壁，剪开水肿部黏膜层与肌层之间流出胶冻样水肿液。而恶性水肿主要在创伤局部发生炎性水肿，患猪胃黏膜肿胀增厚变硬，形成所谓的“橡皮胃”。

二、防治技术措施

1. 健康猪群防控措施

（1）免疫预防 目前尚无有效的菌苗，免疫预防的必要性不大。

（2）防控措施 防病的关键是杜绝外伤，及时对外伤及外科手术创口进行彻底消毒。

2. 发病猪群防控、治疗措施

（1）防控措施 发病后应立即隔离治疗病猪，对污染场所进行彻底

消毒。

（2）治疗方法　清除创腔中的坏死组织及水肿液，用3%过氧化氢或0.1%～0.2%高锰酸钾溶液冲洗后涂上碘酊；用青霉素和链霉素联合注射，或四环素、磺胺类药物在病灶周围注射（也可静脉注射），感染初期疗效较好。

第二十四节　猪真杆菌病

猪真杆菌病是母猪的一种泌尿生殖系统疫病。其特征是尿道、膀胱及肾脏发生纤维素性化脓性炎症。猪真杆菌（旧称猪棒状杆菌）广泛分布于自然界，多数为非致病性，少数有致病性，能引起人畜急性或慢性传染病。

一、快速诊断

1. 临床诊断

（1）发病特点　猪的易感性较强，常发于母猪，多呈散发型。病菌主要隐藏在公猪包皮的憩室，交配时传给母猪。通常在配种后21天内发病，本病对各日龄的干奶母猪威胁较大，常导致死亡，死亡率可达12%。经产母猪比例大的猪群更易发病。本病有时也见于青年母猪和后备母猪。

（2）临床症状　母猪通常在配种后或分娩后1～3周出现症状，在急性期，血尿症是主要的临诊症状，一些母猪可能因急性肾衰竭而突然死亡。随着本病的发展，病猪食欲下降或废绝，消瘦，眼圈变红，阴道周围潮湿、肮脏，尿中含有血和脓，最终死亡。若只发生膀胱炎时，病程长，但不引起死亡，患猪的食欲、体况正常，尿中含脓，或阴道有黏性排出物。有的还引起猪的化脓性肺炎、支气管炎、子宫内膜炎、多发性关节炎和乳腺脓肿等。

2. 病理学诊断

膀胱和输尿管黏膜表现为纤维素性及出血性或坏死性病变。肾脏表面存在无规则的黄色病灶或弥漫性黄色病灶，凸出于表面。肾盂扩展并含有黏液，其中有坏死碎片和变质的血液出现。髓质锥体部常呈黄色或有黑色坏死中心的暗绿色病灶。输尿管常常扩展并充满红紫色尿液。

3. 病原学诊断

染色镜检　取脓性分泌物涂片，用亚甲蓝或奈氏染色，镜检可见短的近似球形的杆菌，或长的一端或两端膨大呈棒状的杆菌，无鞭毛不能运动，不形成芽胞。

二、防治技术措施

1. 健康猪群防控措施

（1）免疫预防 目前尚无有效菌苗可以使用。

（2）防控措施 加强饲养管理，尽量减少应激因素。由于本病治愈后常会复发，所以最好淘汰疑似具有传染源的公猪。

2. 发病猪群防控、治疗措施

（1）防控措施 坚持淘汰发病公猪，对其他病猪应及早隔离治疗，对已感染尚未发病的母猪，用青霉素及其他广谱抗生素紧急预防，可获得良好效果。

（2）治疗方法 对发病猪注射青霉素和酚磺乙胺（止血敏），每天2次，连续3天；停2天后，再用恩诺沙星注射液剂量加大一倍剂量，肌内注射，连用3天。

第二十五节 猪增生性肠炎

猪增生性肠炎是由胞内劳森菌引起的猪的接触性肠道传染病，以回肠和结肠隐窝内未成熟的肠细胞发生腺瘤（即肠腺瘤）样增生为特征。胞内劳森菌是一种专性胞内寄生菌，不能在无细胞培养基中生长。

一、快速诊断及类症鉴别

1. 临床诊断

（1）发病特点 本病主要感染3~20周龄幼猪，发病率为5%~30%，死亡率为1%~10%，有时高达40%~50%，病原主要经口感染。鸟类和鼠类在本病传播过程中起重要作用。本病无季节性，但多发于3~6月份。

（2）临床症状

1）急性型。主要表现为突然发病，多数病猪体温正常，出血性下痢，病程稍长时，后期排煤焦油状稀粪。少数猪未见粪便异常，仅表现皮肤苍白，贫血而死亡。妊娠母猪感染后常排血便，少部分母猪表现分娩和流产征兆。

2）慢性型。主要表现精神沉郁，食欲减退或废绝。出现间歇性下痢，粪便变软、变稀而呈糊状或水样，颜色较深，有时混有血液或坏死

组织碎片，呈水泥浆样。病程长者表现消瘦贫血，皮肤苍白，部分母猪发情延迟。患猪饲料利用率下降17%～40%，常成为僵猪而被淘汰。

2. 病理学诊断

肠系膜淋巴结肿大，切面多汁。最常见的病变位于小肠后段50厘米处和邻近结肠前段1/3处。肠壁增厚，肠管直径增加，浆膜下和肠系膜水肿。肠黏膜出血，有弥漫性、坏死性炎症，黏膜表面湿润，但没有黏液，有时黏附着点状炎性渗出物。被感染的肠黏膜脱落入横向或纵向皱褶深处。黏膜脱落严重的大肠可产生显著的蚀斑，形成息肉。

3. 病原学诊断

（1）染色镜检　小肠黏膜涂片或切片，抗酸染色或姬姆萨氏染色，镜下可见胞内劳森菌为直的杆状、两端尖或纯圆或弯曲状的细菌，带有革兰阴性菌特有的波浪状三层外壁。

（2）动物试验　无菌采取病猪的肠黏膜组织，剪取适量后将其匀浆，豚鼠内服感染3周后剖杀，观察肠道病理变化，出现特征性病变时可确诊。

4. 类症鉴别

（1）与猪痢疾的鉴别　猪痢疾主要表现黏性血痢，各种年龄的猪均易感，但以7～12周龄仔猪多发。病变集中于大肠，表现黏液性出血性或坏死性炎症。取急性病猪新鲜病料镜检可见大量短螺旋体。

（2）与猪梭菌性肠炎的鉴别　猪梭菌性肠炎主要侵害1周龄以内仔猪。体温一般不高，排血样、水样稀便，有的排出黄色软粪，有的排出红褐色带有泡沫、坏死组织碎片的稀粪，有特殊腥臭味。发病后3～5天死亡，病程短，致死率高。

（3）与猪沙门氏菌病的鉴别　猪沙门氏菌病为顽固性腹泻，多发于3月龄左右仔猪，表现为发热，粪便灰白或黄绿色，恶臭。病变集中于盲肠和结肠，肠黏膜肥厚，有灰绿色溃疡病变，肝有点状灰黄色坏死灶。

二、防治技术措施

1. 健康猪群防控措施

（1）免疫预防　菌苗有内服无毒活苗和肌内注射灭活苗，二者均能有效预防本病的发生。在哺乳或保育阶段用活苗或灭活苗免疫，可产生较好的保护效果。使用活菌苗时，在接种前后7天不能使用抗生素。

（2）防控措施　实行全进全出、彻底消毒及早期隔离断奶，严格控制引种和检疫，搞好灭鼠、灭蚊等工作，必要时采取药物预防和免疫预防。

2. 发病猪群防控、治疗措施

（1）防控措施 及时隔离病猪，早期治疗，尽可能将发病圈舍腾空，并对空猪舍彻底冲洗、消毒。

（2）治疗方法 肌内注射泰乐菌素或泰妙菌素按10毫克/千克体重，每天2次，连用2~3天；或交替使用2.5%恩诺沙星注射液和2%环丙沙星注射液，按说明书的剂量于患猪后海穴注射，每天2次，连续3~4天；或泰妙菌素饮水60毫克/升，连用5天，可有效控制此病的发生。

第二十六节 猪空肠弯曲菌病

猪空肠弯曲菌病是由弯曲菌属的空肠亚种细菌所致的人和动物共患肠道传染病，目前被认为是一种新的肠道传染病。此病分布广泛，在很多国家均有发生。

一、快速诊断及类症鉴别

1. 临床诊断

（1）发病特点 该菌存在于各种动物的肠道内。猪的带菌率可达90%，猪空肠弯曲菌病是当前不容忽视的一种重要肠道传染病。本病经消化道传播。

（2）临床症状 潜伏期3~5天，临床表现发热、肠炎、腹泻和腹痛，与细菌性痢疾相似，但病情较轻。仔猪的发病率高于成年猪，有时表现寒战，抽搐，发抖，呕吐，大便呈水样，排便次数增加，病情严重者粪便中含有血液和黏液，具有腥臭味，全身脱水，呼吸困难，心肌衰竭，最后导致死亡。

2. 病理学诊断

病变部位主要在空肠，有时结肠及回肠也有变化，表现为隐性溃疡性肠炎，弥漫性出血性水肿及渗出肠炎，回肠末端及回盲瓣上有溃疡性病变。常常见到增生性肠炎的病变，为一种未成熟的上皮细胞增生，引起肠壁变厚，细胞内有弯曲菌存在。

3. 病原学诊断

染色镜检 该菌为革兰阴性菌，不易着色，可用复红、姬姆萨氏染色剂染色。镜下菌体纤细，呈螺旋形、S形、海鸥形或逗点状等多种形

态。如按常规鞭毛染色，菌体两端有鞭毛；在暗视野显微镜下观察活菌悬滴，呈特征性的螺旋状运动。

4. 类症鉴别

空肠弯曲菌与其他原因所致腹泻病的临床症状较为相似，易于混淆，应注意鉴别。

二、防治技术措施

1. 健康猪群防控措施

（1）免疫预防 目前尚无可用菌苗，对于发病严重的猪场，可采用药物预防。

（2）防控措施 加强饲养管理，搞好猪舍和栏圈内的清洁卫生。保证供给全价饲料，注意饲料和饮水的清洁卫生，增强猪体的抵抗力。

2. 发病猪群防控、治疗措施

（1）防控措施 一旦发病，及时隔离发病猪，病猪排出的粪便要消毒和处理，加强圈舍卫生消毒，防止进一步扩散。

（2）治疗方法 金霉素、土霉素等拌料喂服1周，可减轻症状。如能配合肠道防腐消毒剂、收敛药物（如松节油和克辽林等量混合后内服）效果更好。

第二十七节 猪鼻支原体病

猪鼻支原体病又称格拉斯病，是猪鼻支原体引起的猪的一种支原体性传染病。其特征是多发性浆膜炎和关节炎。该菌以球形为主，也具球杆状及丝状。

一、快速诊断及类症鉴别

1. 临床诊断

（1）发病特点 病猪与带菌猪是主要传染源，猪鼻支原体存在于上呼吸道内，经飞沫小滴和直接接触而传染。在患有支原体肺炎或传染性萎缩性鼻炎的猪群往往继发本病。

（2）临床症状 潜伏期为3~10天，主要侵害3~10周龄的仔猪，表现精神沉郁，食欲减退，体温升高，四肢关节肿胀，尤其是跗关节或膝关节肿胀，跛行，腹部疼痛，有时出现呼吸困难，个别猪突然死亡，而多数病猪于发病10~14天后，上述症状开始减轻或仅表现关节肿大和跛行。

2. 病理学诊断

患病猪可见浆液性纤维素性心包炎、胸膜炎和轻度腹膜炎，上述各处积液增多。肺、肝脏和肠的浆膜面常见到黄白色网状纤维素。被侵害的关节滑膜充血，滑液量明显增加并混有血液。慢性病猪受害关节滑膜与浆膜面增厚，并可见纤维素性粘连。

3. 病原学诊断

分离培养 猪鼻支原体能在无细胞的固体细胞培养基中生长。无菌采取肿胀关节滑液，接种于细胞培养基中，置于5% CO_2 培养箱内，于37℃条件下培养 3～5 天。在显微镜下，如看到荷包蛋样，直径大小在0.1～1 毫米的菌落，可判为阳性。在液体培养基内，特别是培养基的上中部，通常产生轻微的混浊，有细微的沉淀。

4. 类症鉴别

(1) 与猪滑液支原体病的鉴别 两者均表现关节疼痛、跛行等症状。不同点是：猪滑液支原体病侵害 3～6 月龄的猪，呼吸道症状不明显，主要表现四肢关节僵直。而猪鼻支原体病多侵害 3～10 周龄的仔猪，除发病猪关节肿胀外，还可以表现呼吸困难。

(2) 与猪传染性胸膜肺炎的鉴别 两者均表现呼吸道症状，但猪传染性胸膜肺炎体温高达 42℃，呼吸急促，高度呼吸困难，常呈犬坐姿势，一般无关节肿胀现象。

二、防治技术措施

1. 健康猪群防控措施

(1) 免疫预防 目前尚无可使用的菌苗。

(2) 防控措施 加强饲养管理，控制和消灭猪群中的猪支原体肺炎和萎缩性鼻炎，减少各种应激因素对猪群的刺激。

2. 发病猪群防控、治疗措施

(1) 防控措施 隔离饲养发病猪，改善饲养管理，尽量减少呼吸道、肠道疾病或应激因素的影响。对猪舍及运动场的粪便应及时清除，对地面、用具、工作服等要定期消毒。舍内保持干燥，通风换气，透光，冬季要防寒保暖等。

(2) 治疗方法 药物对本病的疗效不佳，现有治疗方法均无明显效果。

第二十八节　猪滑液支原体病

猪滑液支原体病是由猪滑液支原体引起的猪的一种传染病。本病原侵入易感动物的关节和腱鞘，导致关节肿胀、瘸腿。其特征是急性关节僵直和跛行。

一、快速诊断及类症鉴别

1. 临床诊断

(1) 发病特点　主要侵害3~6月龄的猪，病猪和带菌猪是主要传染源，同群猪可通过鼻部和咽部感染，天气寒冷、潮湿、拥挤等可促使本病的发生和流行。

(2) 临床症状　潜伏期4~8天，急性病猪一条或多条腿突然出现跛行，关节僵直，肿胀不十分明显，发病严重的食欲减退，体重减轻，病猪起立困难。经3~10天后，跛行开始减轻，多数可以康复，少数猪关节僵直可持续数周甚至数月。

2. 病理学诊断

急性病猪可见关节滑膜肿胀、水肿、充血，关节腔内液体明显增加，出现浆液纤维素性或浆液血性，关节周围组织水肿。慢性病猪关节滑膜明显增厚，并附着有小块纤维素。

3. 病原学诊断

参照猪鼻支原体病进行。

4. 类症鉴别

(1) 与慢性关节炎型猪丹毒的鉴别　两者均表现关节肿大，跛行，体温升高。但慢性猪丹毒除发生关节炎外，皮肤上还可发生疹块，心瓣膜有灰白色菜花样增生物，用青霉素治疗有特效。青霉素对此病无疗效。

(2) 与钙磷缺乏症的鉴别　两者均表现关节肿大，不能站立。不同点是：钙、磷缺乏症体温正常，病猪有吃煤渣、砖块，啃墙等异嗜癖。

二、防治技术措施

1. 健康猪群防控措施

(1) 免疫预防　目前尚无可使用的菌苗。

(2) 防控措施　加强饲养管理，减少各种应激因素对机体的刺激，饲养密度不宜过大，避免通风不良，防止混群时的打斗。

2. 发病猪群防控、治疗措施

（1）防控措施 及时隔离治疗发病猪，严格执行卫生消毒制度，改善饲养管理条件，对未出现症状的猪预防性用药。

（2）治疗方法 肌内注射泰乐菌素或林可霉素按10毫克/千克体重，连用3天，若能与皮质类固醇药物联合应用疗效更佳。

第二十九节 猪巴尔通氏体病

猪巴尔通氏体病是由巴尔通氏体引起的猪的一种以消瘦、贫血和皮肤丘疹结节为特征的传染病。巴尔通氏体主要存在于血液内，其次是肝脏、肾脏和肺内。

一、快速诊断及类症鉴别

1. 临床诊断

（1）发病特点 多发于母猪产仔季节，哺乳仔猪和刚断奶小猪最易感。一旦1头猪患病，则可波及全窝或全群，感染率高达58%，死亡率为40%~50%，架子猪、育肥猪、种公猪、母猪多呈隐性感染。

（2）临床症状 病猪消瘦、贫血，鼻盘、两耳、四肢及胸腹下皮肤发绀，多处皮肤呈现黄豆大小或拇指大小凸起的紫黑色疹块结节，结膜苍白。耳肿胀，耳尖蜷缩外翻、皲裂，尾尖干性坏死、脱落。有的病猪下痢，粪呈黄色胶冻样且具有腥臭味，体温升高，精神不振，食欲减退或废绝，呼吸促迫，四肢抽搐。当体温降至35℃时多在24小时内死亡。

2. 病理学诊断

血液凝固不良，稀薄如水。皮肤的疹块结节上有干痂，下是烂斑，皮下肌肉似煮肉样。肝脏肿大、出血变性，呈黄红相间外观，边缘呈黑紫色坏死灶。脾脏肿大、边缘有坏死或梗死。肾脏肿大、出血。气管内有黏稠液体，全身淋巴结肿大、出血，切面湿润。

3. 病原学诊断

染色镜检 取病猪血液、肝脏、脾脏或淋巴结，涂片瑞氏染色。油镜下可见蓝紫色或紫红色小体，在血涂片上有30%~40%红细胞感染小体，红细胞形态改变，呈星芒状或伪足样变化，在红细胞凹陷处小体较多。小体周围有一浅黄色亮圈，有的在中央放出浅黄或蓝绿色荧光。在触片上可见到多形态小体，单个存在或两个连在一起，或由多个小体成堆状。

4. 类症鉴别

与猪附红细胞体病的鉴别。两者均表现体温升高、贫血等症状。但猪附红细胞体多寄生于红细胞表面，血浆中的附红细胞体碰到红细胞后附在其上不再运动，附红细胞体不能在普通培养基上生长。而巴尔通氏体除寄生在红细胞和血浆外，还能生存在肝细胞、白细胞及粪尿中，遇到红细胞不附着仍可运动，在普通培养基上可生长。

二、防治技术措施

1. 健康猪群防控措施

（1）免疫预防　目前尚无可使用的菌苗。

（2）防控措施　加强仔猪的饲养管理，让其吃足初乳，尽早补料，尽量减少断奶期应激因素的刺激。

2. 发病猪群防控、治疗措施

（1）防控措施　及时隔离治疗发病猪，严格执行卫生消毒制度，改善饲养管理条件，对未出现症状的猪预防性用药。

（2）治疗方法　每吨饲料混拌对氨基苯胂酸 360 克，连喂 1 周，改为半量再连喂1 个月；或肌内注射血虫净按5 ~7 毫克/千克体重，隔天1次，连用3 次。对贫血严重的病猪，肌内注射右旋糖酐铁注射液，每次100 ~200 毫升，隔2 ~3 天再注射1 次，若同时注射维生素 B_{12} 0.3 ~0.4毫克，隔2 ~3 天重复1 次，效果更好。

第三十节　猪附红细胞体病

猪附红细胞体（简称附红体）病是人畜共患的一种热性溶血性传染病。其特征是急性黄疸性贫血，发热，鼻腔有脓性分泌物，仔猪死亡率高。除猪之外其他动物发病率不高。

一、快速诊断及类症鉴别

1. 临床诊断

（1）发病特点　本病多发于夏季，呈散发。不同年龄的猪均易感，发病率和病死率以哺乳仔猪较高，架子猪较低。饲养管理不良，气候恶劣或有其他疾病存在时可加速发病。本病由交配、媒介昆虫叮咬等多种途径传播。

（2）临床症状

1）哺乳仔猪。7 ~10 日龄猪多发，体温升高，哺乳减少或废绝，眼结膜苍白或黄染，贫血，四肢抽搐、发抖，腹泻，粪便呈深黄色或黄色黏稠，有腥臭味，死亡率为20%~90%。

2）育肥猪。精神委顿，食欲减退，颤抖转圈或不愿站立。病猪耳朵、颈下、胸前、腹下、四肢内侧等部位皮肤红紫，指压不褪色，成为“红皮猪”。后肢麻痹，不能站立，耳郭、尾、四肢末端坏死。有的病猪流涎，呼吸加快，咳嗽，眼结膜发炎，病程3~7天，不死者转为慢性。慢性型表现贫血，黄疸，尿呈黄色，大便干如栗状，表面带有黑褐色或鲜红色的血液。

3）母猪。持续高热，贫血，黏膜苍白，乳房或外阴水肿，产奶量下降。妊娠母猪早产，产弱仔和死胎。母猪的受胎率降低，不发情或发情期不规律。

2. 病理学诊断

全身贫血和黄疸，皮肤和黏膜苍白，血液稀薄如水，凝固不良，肝脏肿大呈黄红色，脾脏显著肿大变软，有腹水和心包积液，淋巴结水肿，肺可见小点出血。

3. 病原学诊断

鲜血压片镜检。采取发热期病猪的血液，加等量生理盐水混合后，加盖玻片，在400~600倍显微镜或暗视野显微镜下观察，虫体呈球状、逗点状、杆状或颗粒状，附着在红细胞表面或游离于血浆中。血浆中的虫体可做伸展、收缩、转体等运动。红细胞的形态呈菠萝状、锯齿状、星状等不规则形态。

4. 类症鉴别

（1）与仔猪缺铁贫血病的鉴别　两者均表现贫血、黄疸等症状。不同点是：仔猪缺铁贫血病多发于1周龄的仔猪，其症状为可视黏膜苍白，消瘦，血液稀薄不易凝固。

（2）与猪胃肠溃疡病的鉴别　两者均表现贫血、黄疸症等状。不同点是：猪胃肠溃疡病多发生于饲喂精料过多的架子猪，临床表现为体温正常，精神不振，食欲废绝，体表苍白，呕吐，腹痛，排煤焦油样黑粪。

二、防治技术措施

1. 健康猪群防控措施

（1）免疫预防　目前尚无预防猪附红细胞体病的菌苗。

（2）防控措施　加强饲养管理，驱除体内外寄生虫，购入猪只应进

行血液检查，防止引入病猪或隐性感染猪。

2. 发病猪群防控、治疗措施

（1）防控措施　及时隔离治疗发病猪，严格执行卫生消毒制度，改善饲养管理条件，对未出现症状的猪预防性用药。在发病季节可按每吨饲料加土霉素600克，对氨基苯胂酸360克，连用1周，以后减半，连用1个月。

（2）治疗方法　肌内注射土霉素或四环素按15毫克/千克体重，每天2次，可以连续应用，或肌内注射血虫净5~7毫克/千克体重，每天1次，连用2天。

第三十一节　猪耶尔辛氏菌小肠结肠炎

猪耶尔辛氏菌小肠结肠炎是由小肠结肠炎耶尔辛氏菌所引起的一种人兽共患肠道传染病，其特征为腹泻。本病的分布地区颇为广泛，世界各大洲均有发生。

一、快速诊断及类症鉴别

1. 临床诊断

（1）发病特点　架子猪易感，其次为仔猪和成年猪。发病无季节性，但以冬、春两季多见，呈散发或暴发性流行。菌体存在于扁桃体和肠系膜淋巴结内，猪健康带菌率为5%~10%，最高可达25%~50%。本病经消化道感染。啮齿动物及节肢动物既为储菌宿主，又为传播媒介。

（2）临床症状　病猪长期间歇性地排出灰白色或灰褐色糊状稀粪，粪便中混有黏液和脱落的肠黏膜，粪便表面常沾染着红色或暗褐色血液，有时粪便表面包裹着一层灰白色、油光发亮的薄膜。体温正常，个别病猪体温升高。病程长的病猪食欲减少，逐渐消瘦，步态不稳。大部分病猪无明显症状，呈现隐性感染。死亡率不高，但影响生长发育速度。

2. 病理学诊断

结肠和直肠孤立淋巴滤泡肿大，浆膜层或黏膜层凸出，可见小米或绿豆大小的结节，小结肠和直肠黏膜有散在的、呈火山口状的溃疡灶，内含干酪样物，周围有一充血带。小肠和盲肠有不同程度的充血出血。肠系膜淋巴结肿大，切面多汁外翻。

3. 病原学诊断

染色镜检　采取粪便、肠系膜淋巴结、回盲部黏膜或肛拭物，涂片染色镜检，可看到革兰阴性小杆菌，呈球杆状或卵圆形，有鞭毛，单个或成短链状。

4. 类症鉴别

本病的主要症状为腹泻，而腹泻是多种猪病常见的症状，病因复杂，有细菌性、病毒性、中毒性和寄生虫性，这些疾病在临床上易于与其他病混淆，应注意鉴别。

二、防治技术措施

1. 健康猪群防控措施

（1）免疫预防 目前尚无有效的菌苗，必要时可进行药物预防。

（2）防控措施 加强预防措施，防止本病在人和动物之间相互传播，严防饲料和饮水的污染，控制猪的隐性感染。

2. 发病猪群防控、治疗措施

（1）防控措施 及时隔离治疗发病猪，加强粪便的消毒处理和灭鼠工作，改善饲养管理条件，对假定健康猪预防性用药。注意个人防护，以免感染。

（2）治疗方法 该菌对土霉素、新霉素、四环素、磺胺类、大观霉素、庆大霉素等多种抗生素敏感，如能对病猪及时治疗，可取得良好的效果。

第三十二节 猪皮肤霉菌病

猪皮肤霉菌病又称皮肤真菌病是由多种皮肤霉菌引起的人畜共患的一种皮肤传染病。病原菌主要是亲动物性皮肤真菌，特异地寄生于猪的皮肤上，能在猪与人之间相互传播。

一、快速诊断及类症鉴别

1. 临床诊断

（1）发病特点 各种猪均易感，发病无明显季节性，但以秋、冬两季的舍饲期多见。仔猪营养不良、皮毛不洁者较为易感。病人和病畜为重要传染源。

（2）临床症状 病猪被毛、皮肤、蹄等角质化组织的损害和形成癣斑，俗称钱癣。以脱毛、脱屑、炎性渗出、痂块及痒感为主要症状，其代谢产物外毒素可引起真皮充血和水肿、发炎，皮肤出现丘疹、水疱和皮屑，有毛区发生脱毛，毛囊炎或毛囊周围炎。有黏性分

泌物与脱落的上皮细胞形成痂皮，病猪表现不安，摩擦患部，减食、消瘦。

2. 病理学诊断

病初患部潮红，皮肤中嵌有小水疱，几天后结痂。在痂块之间产生灰棕色至微黑色连成一片的皮屑覆盖物，皮肤皲裂、变硬。头颈部眼眶、口角、颜面部、肩部，形成手掌大小的癣斑。背部、腹部和四肢虽能受到侵害、搔痒，但很少脱毛。

3. 病原学诊断

（1）涂片镜检　取病变部位的皮屑、癣痂、被毛或渗出物少许，置于载玻片上，滴加10%氢氧化钾溶液1滴，盖上盖玻片，用显微镜观察，可见到分支的菌丝体及各种孢子。若为癣菌感染，在毛干的内外缘都有平行排列的孢子，连接成链状。小孢真菌感染者，菌丝体和小分生孢子沉着于毛根和毛干部生长，并镶嵌成厚屑，孢子不侵入毛干内。

（2）动物接种　常用豚鼠和家兔，将病料作皮肤擦伤接种，阳性者经7~8天局部出现炎症反应。

4. 类症鉴别

（1）与疥癣的鉴别　两者均表现脱毛、瘙痒症状，不同点是：疥癣为寄生虫病，能找到疥癣虫，病灶为界线不规则的大面积无毛区。

（2）与湿疹的鉴别　两者均表现脱毛、瘙痒症状。不同点是：湿疹的病灶区有湿性渗出物，表现剧烈瘙痒，分离不到病原体。

（3）与过敏性皮炎的鉴别　两者均表现脱毛、瘙痒症状。不同点是：过敏性皮炎为皮肤的变态反应病，可以追查到过敏原。

二、防治技术措施

1. 健康猪群防控措施

（1）免疫预防　目前尚无有效的菌苗可被使用。

（2）防控措施　加强饲养管理，搞好环境卫生消毒，保持猪皮肤的清洁，平时注意观察猪群状况，及时发现皮肤疾病。

2. 发病猪群防控、治疗措施

（1）防控措施　一旦发病，要及时隔离并进行治疗，对猪舍、猪圈首先彻底冲洗，然后用5%热氢氧化钠溶液或0.5%过氧乙酸溶液消毒，最后再用清水冲洗后引猪。注意个人防护，以免被真菌感染。

（2）治疗方法　患部先剪毛，再用温肥皂水洗净痂皮，然后直接涂擦药物，如10%水杨酸酒精溶液或5%～10%硫酸铜溶液，每天或隔天涂敷直到痊愈。用苯酚15毫升、碘酊25毫升、水合氯醛10毫升，混合外用，每天1次，3天后用水洗净，涂以氧化锌软膏。也可用克霉唑癣药水或制霉菌素或灰黄霉素涂擦患部。

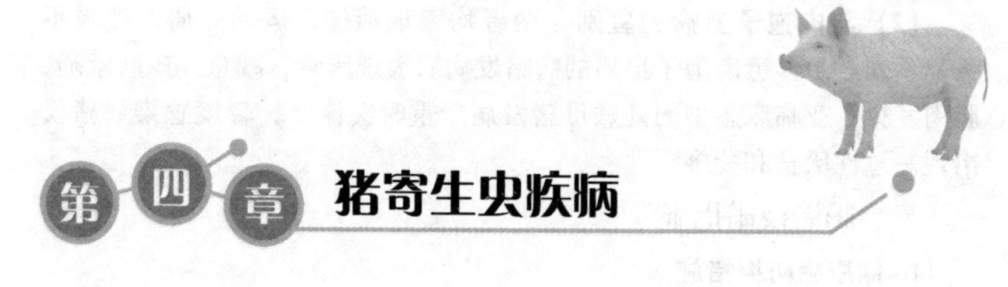

第四章 猪寄生虫疾病

第一节 猪囊尾蚴病

猪囊尾蚴病又称猪囊虫病，是由猪带绦虫的幼虫——猪囊尾蚴引起的一种寄生虫病。成虫寄生于人的小肠；幼虫寄生于猪的肌肉组织。

一、快速诊断及类症鉴别

1. 临床诊断

（1）发病特点 猪囊尾蚴病是猪吃了病人的粪便所致，人感染猪带绦虫是人吃了含囊尾蚴的猪肉引起的，发病虽无明显季节性，但在有利于虫卵生存、发育的温暖季节多发，呈散发性流行。

（2）临床症状 病猪临床症状不明显，只有感染十分严重的病猪表现发育不良，运动、呼吸及吃食困难，声音嘶哑。如果寄生在眼内，可引起失明，寄生在大脑可表现神经症状，严重者发生急性脑炎而死亡。

2. 病理学诊断

肉色苍白，肌肉内可找到囊尾蚴，发病严重的猪在脑、眼、肝脏、脾脏、肺也可找到囊尾蚴的虫体。发病时间长的包囊常常出现纤维素性变化甚至钙化。

3. 病原学诊断

肉眼观察猪囊尾蚴虫体，呈白色半透明的小囊泡，长 6 ~ 10 毫米，宽约 5 毫米，囊内含有囊液，囊壁上有 1 乳白色的小结，其中嵌藏着 1 个头节。囊尾蚴包埋在肌纤维间，外观似散在的豆粒或米粒。

4. 类症鉴别

（1）与猪旋毛虫病的鉴别 两者均表现虫体寄生于肌肉，叫声嘶哑，肌肉强硬。不同点是：囊尾蚴病猪舌下可见半透明米粒状包囊，剖检腰肌、臀肌、舌肌、心肌、膈肌均可见到米粒大至石榴粒大的囊尾蚴。

（2）与肉孢子虫病的鉴别　两者均表现消瘦，运动障碍，呼吸不畅。不同点是：患肉孢子虫病的病猪发病后表现厌食，减重，皮肤紫癜，肌肉发抖，亚临床感染的妊娠母猪发病严重时会流产，轻度感染病猪仅出现一过性厌食和萎靡。

二、防治技术措施

1. 健康猪防控措施

（1）免疫预防　目前无有效疫苗预防。对猪囊尾蚴病的免疫预防研究报道很多，免疫抗原有囊尾蚴匀浆抗原、分泌代谢抗原及纯化抗原等，但其保护率均不理想。

（2）防控措施　采取查、驱、检、管等综合措施进行防治。对屠宰猪认真进行肉品卫生检验，检出病肉，进行无害化处理。

2. 发病猪防控、治疗措施

（1）防控措施　发现病猪后，要先查找绦虫病人，彻底驱除人体内的绦虫，这样既可治好绦虫病人，又可消除绦虫病人自身感染囊尾蚴。管理好猪和人的粪便，切断猪感染囊尾蚴的途径。

（2）治疗方法　喂服阿苯达唑（丙硫咪唑）按30毫克/千克体重，杀虫率95%以上。喂服吡喹酮按40～60毫克/千克体重，或灌喂按30～40毫克/千克体重，也有很好的疗效，注意不良反应。

第二节　猪旋毛虫病

猪旋毛虫病是由毛形科旋毛虫成虫寄生于小肠、幼虫寄生于横纹肌所引起的一种人畜共患寄生虫病。旋毛虫为多宿主寄生虫，除猪外，犬、猫、鼠类等多种哺乳动物均可感染。

一、快速诊断及类症鉴别

1. 临床诊断

（1）发病特点　猪旋毛虫病是猪吃了有肌旋毛虫的鼠类或病猪肉屑所致。人旋毛虫病是人吃了含旋毛虫包囊的未煮熟和盐渍的各种肉类所致。本病由消化道途径感染。

（2）临床症状　猪对旋毛虫有较强的耐受性，临床表现轻微或无症状。当人工大剂量虫体感染时，病猪表现食欲减退、呕吐和腹泻等症状。幼虫移行时会引起肌肉发炎，出现肌肉疼痛、麻痹，运动障碍，声音嘶哑，呼吸与咀嚼困难，发热和消瘦等症状，有时还表现眼睑和四肢水肿。

很少死亡，多于4～6周后康复。

2. 病原学诊断

显微镜检　取膈肌左右角（或腰肌、腹肌）各1块，用剪刀剪下麦粒大的小块共24块，等距排列在玻璃压板内压薄，然后用低倍镜（40～50倍）检查。可发现虫体包囊，每个包囊的幼虫，通常为1条，呈螺旋状，卷曲于透明液体的囊腔中，多为椭圆形。钙化后的虫体，镜检仅见虫体轮廓和包囊。

3. 免疫学诊断

旋毛虫病快速检测　利用旋毛虫病快速检测试纸条或检测卡测定，检测样品为血清或血纸。具体操作方法参见猪瘟病毒检测。在1～5分钟内判定检测结果。在检测卡或试纸上出现两条紫红色线时判为阳性，仅出现一条紫红色线时判为阴性。

二、防治技术措施

1. 健康猪防控措施

（1）免疫预防　目前尚无有效疫苗预防。用虫体组织佐剂苗及可溶性抗原苗试用免疫，仅能达到部分减虫的效果。

（2）防控措施　提倡科学养猪，养猪上圈（圈养），圈舍消毒，防止猪吃鼠、猫、犬等动物的尸体。用洗肉水、泔水、废弃肉渣喂猪时，必须加热煮沸。采取灭、治、检、管结合的综合防治措施。

2. 发病猪防控、治疗措施

（1）防控措施　及时治疗发病猪，可获得理想的疗效。凡检出的旋毛虫病猪肉要就地进行无害化处理。切断旋毛虫进入人和动物食物链的途径，防止新的感染。

（2）治疗方法　阿苯达唑（丙硫咪唑）是目前治疗猪旋毛虫病的首选药物。内服剂量为15毫克/千克体重，连喂3周，或18毫克/千克体重，连喂2周，均可杀死猪体内的旋毛虫。

第三节　猪弓形虫病

猪弓形虫病是由粪地弓形虫引起的一种人畜共患原虫病。其特征是高热，妊娠母猪流产、产死胎。一般消毒药对虫体无效，而滋养体抵抗力差，各种消毒药物均可杀死。

一、快速诊断及类症鉴别

1. 临床诊断

（1）发病特点 本病遍布世界各地，易感哺乳动物45种、鸟类70种、冷血动物5种。昆虫和蚯蚓可传播卵囊，病猪排泄物、乳汁、流产胎儿、胎盘含有大量虫体。虫体可由消化道、呼吸道、皮肤、黏膜等途径感染，也可通过胎盘感染胎儿。

（2）临床症状 仔猪多呈急性发作，发病率和死亡率最高，发病后3~5天死亡，成年猪常呈隐性感染。急性感染猪体温升高，稽留热5~7天，精神沉郁，食欲废绝，下痢或便秘，眼结膜充血，呼吸困难，耳、下腹部及四肢等处皮肤发生弥散性点状或斑状出血，个别病猪有呕吐和异嗜，病程7~10天，15天后不死的转为慢性或逐渐恢复，妊娠母猪流产、产死胎、产弱仔。

2. 病理学诊断

脾脏呈紫黑色，有粟粒大丘状凸起的出血性梗死斑，肝脏表面有大小不等的米黄色坏死灶；全身淋巴结肿大、充血、出血，肠系膜淋巴结呈绳索状肿胀和坏死；肺间质水肿和出血。胃底部出血、坏死，胃、大小肠均有出血点和坏死灶，心包、胸腹腔积液呈浅黄色。

3. 病原学诊断

（1）染色镜检 采取急性病死猪的肺、肝脏、脾脏、淋巴结等病变组织，直接涂片。用姬姆萨氏或瑞氏染色法染色镜检，在细胞内可见到月牙状或香蕉状的弓形虫。

（2）集虫法 取有病灶的肺或肺门淋巴结1~2克，剪碎研磨后，加10倍生理盐水用纱布过滤，然后经500转/分钟离心3分钟，取其上清液，再以1500转/分钟离心10分钟，取其沉渣涂片染色镜检。

4. 类症鉴别

（1）与猪瘟的鉴别 两者均表现体温升高，皮肤上有紫红色斑块。不同点是：猪瘟不分年龄、季节均可发生；盲结口有纽扣状溃疡，用磺胺类药物治疗无效。而弓形虫病多发于断奶后50千克以内的猪，夏、秋两季多发，呼吸困难常呈现腹式呼吸，磺胺类药物治疗有特效。

（2）与猪流行性感冒的鉴别 两者均发病突然，体温升高。不同点是：猪流行性感冒多发于气候骤变的晚秋和早冬，呼吸急促，剧烈咳嗽，先流清鼻液，后流黏性鼻液，用抗生素和磺胺可以控制继发感染，如果

无并发症大约1周可以康复。

二、防治技术措施

1. 健康猪防控措施

(1) 免疫预防　目前有死苗和弱毒活苗两种，死苗免疫力低下，免疫效果不佳。弱毒活苗其免疫效果优于死苗，能够产生较强的免疫力。

(2) 防控措施　猪场内禁止养猫，发现猫粪应及时处理，以防猪只感染发病。圈舍经常打扫卫生，保持清洁，注意灭鼠，定期对猪群检疫。

2. 发病猪防控、治疗措施

(1) 防控措施　对发病猪及时隔离治疗，有计划地淘汰感染猪，病愈猪不能留作种猪用，猪舍应注意保洁，定期消毒。常发猪场可在7～9月，用磺胺-6-甲氧嘧啶按0.2克/千克饲料内服，可达到预防目的。

(2) 治疗方法　磺胺类药物治疗效果较好，如长效磺胺按60毫克/千克体重，每天肌内注射1次，连用7天，可预防弓形虫感染；磺胺嘧啶按70毫克/千克体重、1%敌菌净按1毫升/千克体重，首次剂量加倍，每天2次，连用3天。

第四节　猪蛔虫病

猪蛔虫病是由猪蛔虫引起的猪的一种慢性寄生虫病。猪蛔虫是猪体内的大型线虫，也是猪消化道内最常见的线虫，生长猪比成年猪更常见。我国猪群的感染强度为17%～75%。

一、快速诊断

1. 临床诊断

(1) 发病特点　主要危害3～6月龄的仔猪，病猪生长发育不良，饲料消耗和屠宰内脏废弃率高，发病严重时可引起死亡。卫生状况差的猪场，此病感染率很高。

(2) 临床症状

1）幼虫移行至肝脏时，引起肝脏出血、变性和坏死，形成云雾状的蛔虫斑，直径约1厘米。移行至肺时，引起蛔虫性肺炎，表现为咳嗽、呼吸增快、体温升高、食欲减退和精神沉郁。出现荨麻疹和某些神经症状。

2）成虫可刺激肠黏膜，引起腹痛，分泌毒素，引起一系列神经症状。蛔虫数量多时常凝集成团，堵塞肠道，导致肠破裂，也可进入胆管，造成胆管堵塞和黄疸。本病可致仔猪发育不良，甚至成为“僵猪”。

2. 病理学诊断

发病初期，肺表面可见大量出血点或暗红色斑点，肝脏表面有大小不等白色斑纹，大量虫体寄生于小肠内时常引起小肠阻塞，肠破裂。

3. 病原学诊断

用粪便直接涂片或饱和盐水浮集检查虫卵，在低倍显微镜下，粪便内的受精卵呈短椭圆形，黄褐色，卵壳厚，内含一个圆形未分裂的卵细胞，卵细胞与卵壳之间两端形成新月形空隙。未受精卵狭长，形状不一。如每克粪便虫卵达1000个以上即可确诊。

二、防治技术措施

1. 健康猪防控措施

（1）免疫预防 猪感染蛔虫后能产生部分免疫力，给猪注射感染期虫卵排泄分泌物，可使猪获得部分保护。目前尚无有效的免疫用苗。

（2）防控措施 加强仔猪的饲养管理，提高其抗病能力，饲料、饮水不能被粪便污染，每年春、秋两季要定期驱虫。经常打扫猪舍，保持清洁卫生，常用石灰、草木灰消毒圈舍，以减少蛔虫对猪的侵袭。

2. 发病猪防控、治疗措施

（1）防控措施 及时隔离治疗发病猪，猪粪和垫草应在固定地点堆积发酵，利用发酵的温度杀灭虫卵。保持猪舍、饲料和饮水的清洁卫生。

（2）治疗方法 阿苯达唑（丙硫苯咪唑）片或粉剂内服按10～20毫克/千克体重，每天2次，连服2～3天。硫酸派嗪（驱蛔灵）按0.25克/千克体重，放在水中或饲料中1次内服，每天1次，连用2～3天。肌内注射左旋咪唑按4～6毫克/千克体重，或内服按8毫克/千克体重。

第五节 猪肺线虫病

猪肺线虫病是由后圆线虫寄生于猪支气管和细支气管内所引起的猪的一种线虫病，以肺膈叶多见。本病呈全球性分布，猪是后圆线虫的唯一宿主。

一、快速诊断及类症鉴别

1. 临床诊断

（1）发病特点 病猪表现为支气管炎和支气管肺炎，严重时可造成大批仔猪死亡。主要危害仔猪，感染率为20%～30%。虫卵随粪便排出

并感染蚯蚓，感染性幼虫可长期存活在蚯蚓体内，猪吃入少量蚯蚓便可严重感染。

（2）临床症状　病猪表现为阵发性咳嗽，被毛干燥，鼻孔内有脓性黏稠液体流出，呼吸困难，结膜苍白，食欲减退，消瘦。病程长的胸下、四肢、眼睑发生水肿。

2. 病理学诊断

支气管黏膜增厚、扩张，肺尖叶和膈叶腹面边缘常有局限性肺气肿，呈现灰白色，界线明显，微凸起，切开后支气管内有黏稠分泌物和白色线状虫体。小叶性肺炎，肺气肿及肺间质中有结缔组织增生的结节。

3. 病原学诊断

虫卵检查：取新鲜猪粪2克，放于30毫升饱和硫酸镁溶液中（硫酸镁920克溶于1升水中）搅匀，通过40目铜筛过滤，吸取15毫升于离心管内，以1500转/分钟离心3分钟，用铂耳钓取表面液体1～2铂耳，涂于载玻片上，然后加盖玻片镜检，计算虫卵数。虫卵呈椭圆形，带黄色，卵壳厚，外膜略显粗糙不平。

4. 类症鉴别

（1）与猪肺疫的鉴别　两者均表现咳嗽。不同点是：猪肺疫发病急，体温高，呼吸急促，频咳；而猪肺线虫病发生缓慢，有阵发性咳嗽，发病重时才表现呼吸困难。

（2）与猪支原体肺炎的鉴别　两者均表现咳嗽。不同点是：支原体肺炎体温高，咳嗽急；而猪肺线虫病发病缓慢，有阵发性咳嗽，发病重时表现呼吸困难。

三、防治技术措施

1. 健康猪防控措施

（1）免疫预防　目前尚无有效的疫苗。用致弱的感染性幼虫接种猪可获得部分预防效果。用虫体分泌抗原和虫体组织抗原接种猪，对感染幼虫的生长发育有抑制作用。

（2）防控措施　加强饲养管理，春、秋两季定期驱虫，猪活动场所注意清洁卫生，硬化地面，粪便堆积发酵，消灭中间宿主——蚯蚓。

2. 发病猪防控、治疗措施

（1）防控措施　及时隔离治疗发病猪，猪粪和垫草应在固定地点堆积发酵，利用发酵的温度杀灭虫卵。保持猪舍、饲料和饮水的清洁卫生。

(2) 治疗方法 驱虫净（四咪唑）按40毫克/千克体重，拌在饲料中一次喂服，对各期幼虫和成虫有很好的治疗效果。枸橼酸乙胺嗪（海群生）按0.1克/千克体重皮下注射或内服均可。将碘1克、碘化钾2克、普鲁卡因3.75克、蒸馏水1500毫升混合成溶液，灭菌后按0.5毫升/千克体重，一次于气管注射，隔2日注射1次，连注3次。

第六节 肉孢子虫病

肉孢子虫病是由肉孢子虫科的肉孢子虫，寄生于猪的骨骼肌和心肌形成包囊，引起腹泻、消瘦、跛行和瘫痪等症状的一种人畜共患寄生虫病。

一、快速诊断

1. 临床诊断

(1) 发病特点 发病无明显季节性，通过被孢子囊污染的饲料和饮水经口感染，以裂殖生殖后形成的裂殖子，随血液到肌肉中，进入肌纤维，逐渐繁殖形成包囊。

(2) 临床症状 急性发病（感染肉孢子虫100万个以上孢子囊），表现发热，厌食，减重，皮肤（尤其是耳部、臀部）紫癜，呼吸困难，肌肉发抖，常于14～17天死亡。感染少于100万个孢子囊的，多呈亚临床症状。妊娠母猪感染5万个孢子囊可导致流产和产死胎。轻型感染（孢子囊2.5万以下）仅出现一过性厌食和委顿，对猪增重和生产周期无明显影响。

2. 病理学诊断

病猪消瘦，贫血，肌肉色浅，心肌脂肪组织胶样浸润，膈肌和腹部肌肉，尤其股四头肌中可见许多包囊。轻度和中度感染时，肌肉色泽、韧度和气味均无明显感官变化。重度感染时，肌肉疏松，弹性差，色浅，含水分多，切面呈糜烂状，色泽似熟肉状或呈土黄色，但无不良气味。

3. 病原学诊断

显微镜检 取横膈膜肌脚，切成小块，置两玻片间压扁后，显微镜检查可见包囊。

二、防治技术措施

1. 健康猪防控措施

(1) 免疫预防 目前尚无有效的疫苗。

（2）防控措施　不能让犬、猫接触猪场、圈舍、饲料饮水及其垫草，以免被污染。收集处理犬、猫、人的粪便，杀灭粪中的孢子囊，禁止猪场饲养犬、猫。

2. 发病猪防控、治疗措施

（1）防控措施　及时隔离治疗发病猪，猪粪和垫草应在固定地点堆积发酵，利用发酵的温度杀灭虫卵。保持猪舍、饲料和饮水的清洁卫生。

（2）治疗方法　目前对此病的治疗没有特效药物，内服常山酮、莫能霉素、盐霉素等药物可取得一定疗效，每天按 4 毫克/千克体重，分 2 次给药，连用 30 天。

第七节　猪类圆线虫病

猪类圆线虫病是由兰氏类圆线虫引起的一种常见肠道寄生虫病。病猪消瘦，生长缓慢，感染严重时可引起死亡。本病呈世界性分布，但在温热带地区尤为严重。

一、快速诊断

1. 临床诊断

（1）发病特点　成虫寄生于肠中，虫卵随粪便排出后，发育成有感染性的丝状蚴，经口或通过皮肤感染。1 月龄左右的哺乳仔猪感染最严重，2 月龄以后感染逐渐减少。虫体在猪体内的移行路线同猪蛔虫。本病多发于温热潮湿季节。

（2）临床症状　轻症时不表现明显临床症状，若虫体在肠内大量寄生，病猪则表现精神不振，消瘦，腹泻，腹部膨胀，腹痛，生长发育不良。幼虫进入肺可引起支气管肺炎和胸膜炎，若幼虫通过皮肤感染，可引起皮肤湿疹样变化，病程 15 ~ 30 天，死亡率高达 50%。

2. 病理学诊断

病猪皮肤组织，尤其是下腹部及乳腺组织、肌肉有点状出血，支气管肺炎，小肠黏膜点状或带状出血，有时可能出现糜烂性溃疡。虫体在小肠黏膜内，用刀刮取黏膜，仔细检查，则可发现细小虫体。

3. 病原学诊断

用饱和盐水漂浮法检查虫卵。必须采用新鲜粪便，夏季不得超过 6 小时，镜检可发现虫卵，卵内有一蜷曲的幼虫。也可采用幼虫检查法，将粪便放置 5 ~ 15 小时，镜检发现幼虫即可确诊。刮取十二指肠黏膜，压片镜检，发现大量雌虫即可确诊。

二、防治技术措施

1. 健康猪防控措施

（1）免疫预防 目前尚无有效的疫苗。成年猪感染后能产生很强的免疫力，但疫苗免疫研究未获得满意的效果。

（2）防控措施 加强饲养管理，及时清除粪便，经常消毒，保持猪舍及场地的干燥，定期对猪群进行预防性驱虫。

2. 发病猪防控、治疗措施

（1）防控措施 及时隔离治疗发病猪，猪粪和垫草应在固定地点堆积发酵，利用发酵的温度杀灭虫卵。保持猪舍、饲料和饮水的清洁卫生。

（2）治疗方法 灭虫丁（阿维菌素）按0.3毫克/千克体重，皮下注射。左旋咪唑按10毫克/千克体重，混入饲料一次喂服，对成虫有效。驱虫净（四咪唑）按7.5毫克/千克体重，混入饲料中喂服。

第八节 猪小袋纤毛虫病

猪小袋纤毛虫病是由结肠小袋纤毛虫寄生于猪的大肠所引起的一种寄生虫病。轻度感染时，无临床表现，重度感染时有肠炎症状，甚至可导致死亡。人也可感染。

一、快速诊断

1. 临床诊断

（1）发病特点 当猪吞食了被包囊污染的饮水和饲料后，囊壁在肠内被消化，虫体逸出变为滋养体，进入大肠寄生。包囊随宿主粪便排出体外。猪结肠小袋纤毛虫是一种常在性寄生虫，可感染任何年龄的猪，猪体内环境发生改变时才会引起暴发，本病如不及时控制，可引起大批的死亡。

（2）临床症状 病初病猪表现为糊状稀粪，继而出现水样腹泻，混有血液，食欲减退或废绝，渴欲增加，整窝猪缩成一堆。病后期至死亡前，机体严重脱水，体温下降，可视黏膜苍白，尿呈深黄色，四肢无力，步态不稳，个别病例后肢瘫痪，口吐白沫，严重者1～3周内死亡。

2. 病理学诊断

虫体侵入肠壁，形成溃疡，溃疡主要发生在结肠，其次是直肠和盲肠。全身淋巴结髓样肿大，呈灰白色，切面湿润，尤以肠系膜淋巴结最

为显著，呈绳索状，切面外翻，多数有针尖到米粒大小，呈灰白色或灰黄色的坏死灶及各种大小出血点。肝脏呈灰红色，常见散在针尖到米粒大小的坏死灶；脾脏肿大，呈棕红色；肾脏呈土黄色，有散在小点状出血或坏死灶；大、小肠均有出血点；心包、胸腹腔有积水；体表出现紫斑。

3. 病原学诊断

用温热的生理盐水稀释粪便（5:1 或 10:1），过滤，吸取少量液体涂片镜检，也可滴加 1:1000 的稀碘液，使虫体着色，便于观察。刮取肠黏膜作涂片检查，可见大量圆形的、游走性很强的结肠小袋纤毛虫的滋养体或包囊。

二、防治技术措施

1. 健康猪防控措施

（1）免疫预防 目前尚无有效的免疫用苗。

（2）防控措施 改善饲养管理，管好粪便，保持饲料、饮水的清洁卫生，保持猪舍及场地的干燥，定期对猪群进行预防性驱虫。

2. 发病猪防控、治疗措施

（1）防控措施 要及时隔离治疗发病猪。猪粪和垫草应在固定地点堆积发酵，利用发酵的温度杀灭虫卵。保持猪舍、饲料和饮水的清洁卫生。

（2）治疗方法 在所有保育猪饲料中加入克球粉按 15 毫克/千克，连用 1 周。对脱水严重的个别病猪可于腹腔注射 10% 葡萄糖生理盐水。经过治疗处理后，病猪多数可以康复。

第九节 猪球虫病

猪球虫病是由猪艾美耳属球虫和等孢属球虫寄生于猪肠上皮细胞所引起的以肠道黏膜出血和腹泻为主要临床症状的寄生虫病。

一、快速诊断及类症鉴别

1. 临床诊断

（1）发病特点 本病多发于 7～21 日龄的仔猪，隐性感染的成年猪为主要传染源，尤其是母猪带虫，可引起一窝仔猪同时或先后发病，甚至引起死亡。卵囊随粪便排到外界，刚排出的卵囊内含有一个单细胞的合子。在适宜的氧气、湿度和温度条件下，卵囊经孢子化发育至感染阶

段。本病夏季多发。

（2）临床症状 发病仔猪腹泻，持续4~6天，粪便呈水样或糊状，呈黄色至白色，偶尔由于潜血而呈棕色。病猪消瘦，发育受阻。发病率为50%~75%，死亡率低，有其他疾病感染时，死亡率可高达75%。

2. 病理学诊断

病变局限于空肠和回肠，肠浆膜有出血斑和溃疡，严重时肠黏膜糜烂、出血、坏死，为黄色纤维素坏死性伪膜松弛地附着在充血的黏膜上。空肠和回肠的绒毛变短，约为正常长度的一半。

3. 病原学诊断

在腹泻期间卵囊可能并不排出，因此粪便漂浮检查卵囊对猪球虫病的诊断意义不大。利用空肠或回肠的刮取物涂片，以瑞氏或新甲基蓝染色，均能将新月形的裂殖子染成紫蓝色，查出内生性发育阶段的虫体。

4. 类症鉴别

猪球虫病和仔猪黄痢的鉴别。球虫病主要使7~21日龄猪发病，5日龄前一般不发病，多数在2周后腹泻停止，用抗生素治疗无效，病死率低，一旦出现1窝仔猪发病，下窝仔猪7日龄时也会发病，整个圈舍的哺乳仔猪在7~21日龄时几乎都发病。而仔猪黄痢主要使7日龄内的仔猪发病，死亡率很高，应用抗生素治疗有效，整个圈舍仔猪都发病的现象较少见。

二、防治技术措施

1. 健康猪防控措施

（1）免疫预防 目前无有效疫苗预防。

（2）防控措施 加强环境卫生管理，保持猪舍清洁干燥，并经常用5%氨水喷洒，粪便及时清扫并堆积发酵。

2. 发病猪防控、治疗措施

（1）防控措施 搞好产房的清洁，清除母猪粪便，空圈产房应用漂白粉（质量分数为50%）或氨水消毒或熏蒸。大力灭鼠，以防鼠类机械性传播卵囊。在每次分娩后应对猪圈再次消毒，以防新生仔猪感染卵囊。

（2）治疗方法 灌服百球清内服液（甲苯三嗪酮25毫克/毫升），一次灌服剂量按20毫克/千克体重，不仅可预防球虫病，而且可杀死体内球虫。内服磺胺-6-甲氧嘧啶或磺胺喹噁啉按20~25毫克/千克体重，或氨丙啉20毫克/千克体重，1天1次，连用3天，可获得良好的治疗效果。

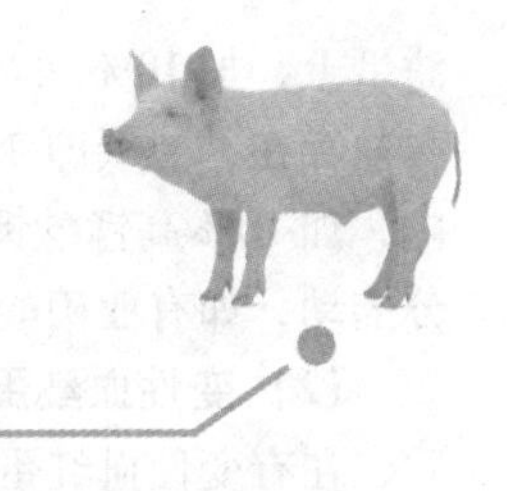

第五章 猪中毒性疾病

第一节 亚硝酸盐中毒

亚硝酸盐中毒是猪吃了煮熟或堆积腐烂的青绿饲料后，立即出现中毒或导致死亡的一种最急性中毒性疾病，俗称“饱湘病”或“饱油瘟”。其特征是以皮肤黏膜呈现蓝紫色及缺氧症状，常在采食饲料后的15分钟至数小时内发病。

一、快速诊断及类症鉴别

1. 临床诊断

（1）中毒诱因 煮沸青绿饲料时不搅拌，或在煮沸时及煮沸后紧盖锅盖，煮完后放在铁锅容器中过夜或放置时间过长，或堆积腐烂的青绿饲料等，均易产生亚硝酸盐，当猪采食后发生中毒，引起中毒性高铁血红蛋白血症。

（2）临床症状 本病发病急，病程短，救治困难，最急性病猪发病前精神良好，食欲旺盛，但中毒后立即出现神态不安，站立不稳，倒地死亡。而急性病猪除显示不安外，还呈现呼吸困难，流涎，呕吐，挣扎，鸣叫，脉搏快而细弱，全身发绀，体温正常或偏低，躯体末梢发冷等。末期出现强直性痉挛，肌肉战栗，最后衰竭倒地死亡。

2. 病理学诊断

病猪腹部膨满，口鼻呈乌紫色，流出浅红色泡沫状液体，血液如酱油状，凝固不良，即使长时间暴露在空气中仍不能转成鲜红色。各脏器血管瘀血，胃肠道有不同程度的充血、出血，黏膜易脱落，肝脏、肾脏呈暗红色。肺充血，气管和支气管黏膜充血、出血，管腔内充满带红色的泡沫状液体，心外膜、心肌有出血斑点。

3. 毒物分析

（1）亚硝酸盐的测定 取胃肠内容物或残余饲料的液汁1滴，滴在滤纸上，加10%联苯胺液1～2滴，再加上10%醋酸1～2滴，如有亚硝酸盐存在，滤纸即变为棕色，否则颜色不变。也可将待检饲料放在试管内，加10%高锰酸钾溶液1～2滴，搅匀后，再加10%硫酸1～2滴，充分摇动，如有亚硝酸盐，则高锰酸钾褪为无色，否则不褪色。

（2）变性血红蛋白的测定 取血液少许滴于小试管内，与空气振荡后，在有变性血红蛋白的情况下，血液不变色，仍为暗褐色。健康猪的血液则由于血红蛋白与氧结合而变为鲜红色。

4. 类症鉴别

亚硝酸盐中毒与氟化物中毒在临床上均表现抽搐、震颤、昏迷、血液凝固不良等症状。而氟化物中毒有角弓反张、惊恐、尖叫等症状。

二、预防措施及治疗方法

（1）预防措施 使用白菜、甜菜叶等青绿饲料喂猪时，最好新鲜生喂，既保留了营养成分，又不致使猪发生中毒。如需煮熟饲喂，应加足火力，敞开锅盖，迅速煮熟，并不断搅拌，不要闷在锅内过夜。贮存青饲料时应摊开存放，不要堆积，以免腐烂发酵而产生大量亚硝酸盐。在煮饲料时加入少量食醋，既可杀菌，又能分解亚硝酸盐。

（2）治疗方法 症状严重者，尽快剪耳、断尾放血，静脉注射或肌内注射1%亚甲蓝溶液，按1毫升/千克体重，或甲苯胺蓝5毫克/千克体重，内服或注射大剂量维生素C按10～20毫克/千克体重，以及静脉注射10%～25%葡萄糖液300～500毫升，可获得较显著的疗效。发病轻者，安静休息，投服适量的糖水、牛奶或蛋清水。

第二节 黄曲霉毒素中毒

黄曲霉毒素主要由黄曲霉和寄生曲霉产生的次生代谢产物，已发现的有20种，其中以B_1、B_2、G_1、G_2毒力最强。在湿热地区的食品和饲料中出现黄曲霉毒素的概率最高。黄曲霉毒素是目前已知最强致癌物之一。

一、快速诊断及类症鉴别

1. 临床诊断

（1）中毒诱因 最易感染黄曲霉菌的是植物种子，包括花生、玉米、黄豆、棉籽等。黄曲霉菌最适宜的繁殖温度为24～30℃，在2～5℃以下和40～50℃以上不能繁殖。最适宜繁殖的相对湿度为80%以上。发生中毒是应用被黄曲霉菌感染的种子及其副产品做饲料所致。

（2）临床症状 饲喂发霉饲料5~15天后出现症状，急性病猪表现精神委顿，食欲废绝，体温正常，后躯无力，走路蹒跚，黏膜苍白，粪便干燥，直肠出血。既可在运动中突然发生死亡，又可在发病后2天内死亡。慢性病猪表现精神委顿，体温正常，走路僵硬，喜吃稀饲料和青饲料，啃食泥土、瓦砾，常常离群，头下垂，弓背，粪便干燥；或狂躁兴奋不安，乱蹦乱跳，黏膜黄染。生长发育迟缓，母猪不孕或产仔少等症状。

2. 病理学诊断

（1）急性中毒型 肝出血性坏死、肝细胞脂肪变性和胆管增生。脾胰有轻度病变，胸、腹腔大出血，浆膜表面可见瘀血斑点，大腿和肩胛下区的皮下肌肉出血。肠出血，心外膜和心内膜明显出血。

（2）慢性中毒型 肝实质细胞变性、肝硬化、黄色脂肪变性及胸腹腔积液，有时结肠浆膜呈胶样浸润，肾脏苍白、肿胀，淋巴结充血、水肿。

3. 毒物分析

利用黄曲霉毒素快速检测试纸卡测定饲料中黄曲霉毒素，准确度在95%以上，灵敏度为5微克/千克。具体方法如下：

1）样品处理。取饲料或原粮5克以上粉碎，称取2克粉碎过筛试样于具塞锥形瓶中，加入10毫升的乙醇（样品为花生、核桃时还需加入8毫升石油醚或正己烷震荡后，静置分层，放出下层清液于烧杯中），将瓶塞盖紧，水封后，在振荡器上振荡30分钟（700转/分钟），用定性快速滤纸过滤，用电吹风冷风吹干滤液，再用0.2毫升水溶解后即为待检样品提取液。

2）操作步骤。将试纸卡和待检样本溶液恢复至室温，用滴管吸取待检样品溶液，滴加3滴于加样孔中，8分钟内判定结果，超过12分钟的判读无效。

3）结果判定。对照线和检测线同时存在，表明黄曲霉毒素含量小于5微克/千克。只有对照线时，表明黄曲霉毒素含量高于5微克/千克。未出现对照线时，表明试纸条已失效。

4. 类症鉴别

（1）与李氏杆菌病脑膜脑炎的鉴别 与慢性黄曲霉毒素中毒相似，两者均表现兴奋不安，角弓反张，昏睡，体温升高等症状。不同点是：

李氏杆菌病具有传染性，黄曲霉毒素中毒无传染性，眼睑肿胀。

（2）与猪钩端螺旋体病的鉴别 两者均表现皮肤黄染，眼睑水肿，妊娠母猪流产等症状。不同点是：猪钩端螺旋体病猪呈现全身水肿，尿液先呈黄色，后变红色或茶色。

二、预防措施及治疗方法

（1）预防措施 饲料原料要加强管理，玉米、花生收获时必须充分晒干，种子或油饼切勿放在阴暗潮湿处。发霉严重的饲料应全部废弃，轻度发霉饲料可先进行磨粉，然后按1:3的比例加入清水浸泡，反复换水，直至浸泡饲料用水呈现无色为止，即使经过处理的饲料，饲喂量也要加以限制，每天每头猪不超过0.5千克。发现中毒病例时，应立即停喂发霉饲料，尽快喂给青嫩、易于消化的饲料。

（2）治疗方法 内服盐类泻剂，如硫酸钠50克。静脉注射40%乌洛托品20毫升。必要时静脉注射硫酸镁或溴化钙溶液，10%安钠咖5～10毫升强心，再静脉注射葡萄糖生理盐水200～500毫升。

第三节 食盐中毒

猪食盐中毒是由于采食了食盐含量过高的饲料、泔水而发生的中毒性疾病。其特征是神经症状突出和消化功能紊乱。本病多发于散养猪，规模化猪场少发。

一、快速诊断及类症鉴别

1. 临床诊断

（1）中毒诱因 食盐中毒是由于采食了大量含盐的泔水、咸菜、咸鱼（水），饲料中添加了不合格的鱼粉或配料错误所造成的中毒。猪食盐内服急性致死量约为2.2克/千克体重。

（2）临床症状

1）最急性型。病猪表现为肌肉震颤，阵发性惊厥，昏迷，倒地，2天内死亡。

2）急性型。表现为食欲减少，口渴，不断咀嚼流涎，头碰撞物体，步态不稳，转圈运动，肌肉痉挛，呈犬坐姿势，张口呼吸。呈间歇性癫痫样神经症状，发作过程1～5分钟，发作间歇时，病猪可不呈现任何异常情况，1天内可反复发作无数次。发作时，肌肉抽搐，体温稍高，间歇期体温正常。末期后躯麻痹，常在昏迷中死亡。

2. 病理学诊断

胃黏膜出现溃疡，脑、脊髓有不同程度的充血、水肿，急性病猪的软脑膜、大脑实质和皮质可见明显的脑回展平，出现水样光泽。脑组织中发现嗜酸性颗粒白细胞浸润。

3. 毒物分析

胃肠内容物食盐的测定。在病史不明或症状不典型时，可将胃肠内容物连同黏膜一起取出，加适量的水使食盐浸出后过滤，将滤液蒸发至干，可残留呈强碱味的残渣，其中有立方形的食盐结晶。取食盐结晶放入硝酸银溶液中时，可出现白色沉淀；取残渣或结晶在火焰中燃烧时，则呈鲜黄色的钠离子火焰。

4. 类症鉴别

（1）与传染性脑脊髓炎的鉴别 两者均表现痉挛，转圈，角弓反张等症状。不同点是：传染性脑脊髓炎有传染性，四肢僵硬，而渴欲不强。

（2）与猪乙型脑炎的鉴别 两者均表现食欲不振，呕吐，心跳加快等症状。不同点是：猪乙型脑炎发病有季节性，母猪表现流产，公猪表现睾丸炎，无采食大量食盐的病史。

二、预防措施及治疗方法

（1）预防措施 日粮中盐分的含量不超过0.5%，供给充足的清洁用水，用泔水、咸鱼等作饲料时应注意与其他饲料合理搭配，大猪每天食盐用量不超过15克、中猪不超过10克、小猪不超过5克。

（2）治疗方法 停喂含盐分过多的饲料，急性中毒时严格控制给水，以免促进食盐的吸收和扩散，导致症状加剧，喂服1%～4%硫酸铜20～50毫升催吐，催吐后喂服白糖150～200克，随后喂服油类泻剂50～100毫升。轻度中毒者供给充分饮水或灌服大量温水或糖水。镇静、镇痉可静注硫酸镁或葡萄糖酸钙、溴化钙溶液。

第四节 磷化锌中毒

磷化锌中毒是由于猪误食灭鼠毒饵或被磷化锌污染的饲料而导致的中毒。磷化锌是常用的灭鼠药和熏蒸杀虫剂。

一、快速诊断

1. 临床诊断

（1）中毒诱因 猪内服磷化锌致死量为20～40毫克/千克体重。磷化锌在胃酸的作用下释放出剧毒的磷化氢气体，并被消化道吸收，引起组织细胞发生变性、坏死，导致全身广泛性出血，直至休克或昏迷。

（2）临床症状 病猪初期兴奋甚至惊厥，后期昏迷，食欲减退，呕吐不止，口吐白沫，腹泻、腹痛，粪便混有血液，口腔及黏膜有溃烂，呕吐物和粪便有蒜臭味，随着病情发展，结膜黄染、发绀，呼吸困难，全身僵硬，四肢痉挛，偶排血尿，抽搐。一般于2～3天后，极度衰竭，并在昏迷状态下死亡。

2. 病理学诊断

病猪胃内散发出带蒜味的异常臭气，如将内容物移置暗处可见有磷光出现。胃肠道呈现充血、出血，肠黏膜脱落。肝脏、肾脏瘀血，浑浊肿胀，肺间质水肿，气管内充满泡沫状液体。

3. 毒物分析

（1）磷化氢的测定 取被检材料适量放入三角烧瓶中加水拌成粥状，瓶口塞木塞，塞上装玻管，管下塞入很松的碱性醋酸铅棉花，管上口装有溴化汞、硝酸银试纸（将1%硝酸银滴在滤纸上），于瓶中注入10%盐酸5毫升，在水浴上加热30分钟以上。若有磷化氢存在，硝酸银试纸变黑色，溴化汞试纸变黄色。阴性反应两种试纸均不变色。由于磷化锌在猪胃中与胃酸作用，很容易分解产生磷化氢气体并逐渐放出，因此被检物必须新鲜。

（2）锌的测定 将磷化氢检验的溶液进行过滤，滤液蒸发至干，加水5毫升溶解过滤可作锌的检验。如被检材料为饲料、淀粉或脂肪等含大量有机质的，必须将有机质破坏。取磷化氢试验后三角烧瓶中的残留物全部置于蒸发皿中，于电炉上加热炭化冷却，加5%醋酸溶液5毫升加热溶解，过滤后取滤液作锌的检验。

1）微量结晶法。锌在微酸性溶液中与硫氰酸汞铵作用生成硫氰酸汞锌，呈十字形羽毛状结晶。取被检液1滴置于载玻片上加硫氰酸汞铵试剂（氯化汞8克、硫氰酸铵9克溶于100毫升水中）1滴，作显微镜检。如有锌存在，可见十字形羽毛状结晶。

2）亚铁氰化钾反应。锌在微酸性溶液中与亚铁氰化钾作用生成白色亚铁氰化锌沉淀，此沉淀不溶于稀酸而溶于碱溶液。取被检液2毫升置于小试管内，加5%亚铁氰化钾溶液。如有锌存在，则会产生白色沉淀，再加10%氢氧化钠溶液，沉淀消失。

3）打萨宗试验。在碱性溶液中，锌与打萨宗产生红色，为锌的特

效反应。取检液 1 毫升置于试管内加 10% 氢氧化钠溶液 1 ~ 2 滴，如有锌则产生沉淀，再加 10% 氢氧化钠溶液，使产生的沉淀溶解，取上清液加打萨宗试剂猛力振荡。如有锌存在，溶液上层呈现红色。

二、预防措施及治疗方法

（1）预防措施　加强饲养管理，做好饲料的保管和调制工作，防止将磷化锌掺入饲料中，猪场如果用毒饵杀鼠时，应指定专人负责，放置于老鼠常出入活动处，防止被猪误食。

（2）治疗方法

1）灌服 1% ~ 2% 硫酸铜溶液 20 ~ 50 毫升催吐；或 0.1% 高锰酸钾溶液 20 毫升，隔 4 ~ 5 小时服 1 次。同时应用硫酸镁、芒硝等缓泻剂，忌用油类泻剂。

2）静脉注射葡萄糖盐水 300 ~ 500 毫升，同时注射 10% 安钠咖 5 ~ 10 毫升强心和注射维生素 B。为防止血液中碱储量降低，可静脉注射 5% 碳酸氢钠溶液 30 ~ 50 毫升。

第五节　肉毒梭菌毒素中毒

肉毒梭菌毒素中毒是由肉毒梭菌所产出的毒素引起的人兽共患的一种高度致死性疾病。本病以运动中枢神经、延脑麻痹为特征，表现为运动器官迅速麻痹。

一、快速诊断及类症鉴别

1. 临床诊断

（1）中毒诱因　猪采食有肉毒梭菌的动物尸体或腐烂饲料，或由其污染的饲料和饮水即可发病，病猪与健康猪之间不传染。由于饲料中毒素分布不均，因此，并非采食了同批饲料的猪都会发生中毒，一般以膘肥体壮、食欲良好的猪多发。

（2）临床症状　精神委顿，食欲废绝，病初吞咽困难，唾液外流，前肢软弱无力，行走困难，继而后肢发生麻痹，倒地伏卧，不能起立，呼吸困难，可视黏膜发紫，最后由于呼吸麻痹，窒息而死。少数不死的病猪，经数周甚至数月才能康复。

2. 病理学诊断

咽喉、胃肠黏膜及心内外膜有出血斑点，肺充血、水肿，气管黏膜充血，支气管有泡沫状液体，脑膜明显充血并有大的出血点，脑和脊髓

有广泛变性。肝脏肿大，呈黄褐色。肾脏呈暗紫色，有出血点。膀胱黏膜有出血点，全身淋巴结水肿。胸、腹、四肢骨骼肌色浅，如煮过一样，且松软易断。

3. 毒物分析

（1）染色镜检 该菌为革兰阳性、两端钝圆的粗大梭菌，有周身鞭毛，能运动，能形成芽胞，芽胞为卵圆形，比菌体稍大。单个或成对排列。

（2）毒素测定 取标本离心，将上清液分为3份，第1份加等量稀释剂煮沸10分钟，第2份加等量各型毒素诊断血清，于37℃条件下作用30分钟。第3份不做任何处理。分别于腹腔注射15～20克的小鼠5只，每只0.5毫升，观察4天。如前两份注射的小鼠均健活，而后1份注射的小鼠呈现典型的麻痹症状，24～48小时死于呼吸衰竭，表明含有肉毒毒素。

4. 类症鉴别

（1）与霉玉米中毒的鉴别 两者均表现神经症状。不同点是：霉玉米中毒妊娠母猪流产，大猪食欲减退，消化不良，日益消瘦，发病严重时腹疼、腹泻，呼吸困难，最后中毒死亡。而肉毒梭菌中毒则表现吞咽困难，后肢麻痹，呼吸困难，最后窒息而死。

（2）与猪传染性脑脊髓炎的鉴别 两者均表现神经症状，但猪传染性脑脊髓炎表现为共济失调，肌肉抽搐，肢体麻痹。而肉毒梭菌中毒则表现后肢麻痹，吞咽困难，最后窒息而死。

二、预防措施及治疗方法

（1）预防措施 加强饲养管理，注意保管好饲料，防止饲料淋雨及霉烂，凡霉烂腐败变质的饲料及肉类禁止喂猪。

（2）治疗方法 静脉注射或肌内注射多价抗毒素血清30万～100万单位，以中和体内的游离毒素。早期应用可获得较好疗效。用5%碳酸氢钠溶液或0.1%高锰酸钾溶液洗胃和灌肠，内服硫酸镁或硫酸钠等盐类泻剂。静注10%葡萄糖生理盐水及10%氯化钾溶液100～200毫升，补充维生素B和维生素C。

第六节 赤霉菌毒素中毒

赤霉菌毒素中毒是猪采食了被赤霉菌群体的镰刀菌无性阶段的分生

孢子期感染的小麦、玉米等谷物饲料后所产生的一种疾病。

一、快速诊断

1. 临床诊断

（1）中毒诱因　赤霉菌毒素是赤霉菌感染小麦和玉米后，在其生长繁殖过程中产生的代谢产物，其中主有两种毒素，即单端孢霉烯及其衍生物和玉米赤霉烯酮，前者可导致猪厌食、呕吐、流产及内脏器官的损伤，后者可导致猪生殖器官机能和形态学上的改变。

（2）临床症状　玉米赤霉烯酮中毒时，猪群的发病率可达100%，但死亡率很低。母猪阴户肿胀、坚实、光滑或明显凸出。乳腺增生变大，子宫增生，阴道黏膜充血、发红、肿胀，严重时发生阴道脱垂，极易引起损伤和感染，部分病猪继发直肠脱垂。小母猪出现发情症状，或发情周期延长。公猪及去势猪包皮水肿，乳腺肥大。母猪不孕或妊娠母猪流产、胎儿干尸化或胎儿被吸收等。单端孢霉烯中毒时病猪不食、呕吐、腹泻、生长停滞，当胃肠、心脏、肺、膀胱、肾脏出现出血性损伤时，易导致中毒猪的死亡。常伴有凝血酶原不足和凝血时间延长等特点。

2. 病理学诊断

玉米赤霉烯酮中毒时的病理变化主要是阴道和子宫间质水肿，阴道和子宫黏膜上皮细胞分化为鳞状细胞的组织增生及变形，阴户、阴道、子宫颈壁及子宫肌层水肿增大，细胞器增生、细胞变大。子宫内膜增厚，黏膜下层间质性水肿。小母猪的卵巢明显发育不全，虽有许多卵泡而没有黄体。乳头和乳腺明显增大，乳腺实质的间质层水肿。单端孢霉烯中毒时的病理变化主要表现在肝脏、肾脏及肠道的出血和坏死性损伤。

3. 毒物分析

采集饲料3~5克，在75%酒精中浸泡2分钟，取出后放入灭菌三角瓶中，注入3倍量的无菌蒸馏水，在振荡器上振荡洗涤5分钟，再在蒸馏水中洗涤3~4次。

（1）分离培养　将处理好的饲料，接种于蔡氏琼脂培养基上。每个培养皿接种饲料颗粒10粒，轻轻加压种入浅层，于28℃条件下培养36小时后观察有无细菌生长。有细菌生长时，则形成菌落，培养48小时后，菌落生长茂盛，有白色绒毛状菌丝体，基质呈红色。

（2）纯培养　将可疑菌丝体接种于蔡氏琼脂斜面上，于28℃条件下培养66小时。菌落呈粉红色，镜检菌丝体呈白色，有子囊，孢子呈纺锤

形、圆形或椭圆形。

(3) 鉴别培养 将纯培养的孢子，接种于5%葡萄糖马铃薯琼脂培养基上培养72小时，菌丝白色呈绒毛状，基质呈粉红色。荧光灯照射培养物呈橙黄色，菌丝体呈紫色，即为小麦赤霉菌群体中的粉红色镰刀菌。

二、预防措施及治疗方法

(1) 预防措施 加强饲养管理，禁用发霉变质饲料喂猪，饲料合理贮藏，仓库要求通风、干燥、地势高，底部、侧壁均应做防潮、防水处理，最好底部有木板架隔离。

(2) 治疗方法 目前无特效疗法。发现中毒立即停喂发霉饲料，用0.1%高锰酸钾溶液、清水或弱碱溶液洗胃、灌肠。必要时内服硫酸镁或硫酸钠30克、植物油150～200毫升排出胃肠内容物；静脉注射5%葡萄糖溶液或葡萄糖盐水注射液100～250毫升，加入维生素C 0.5克，肌内注射10%安钠咖5～10毫升强心。

第七节 马铃薯中毒

猪大量采食了发芽、腐烂的马铃薯块根或马铃薯开花或结果前期的茎叶所致的一种中毒病，以出血性胃肠炎和神经损害为特征。

一、快速诊断

1. 临床诊断

(1) 中毒诱因 马铃薯（山药蛋、土豆）含有一种有毒的生物碱，即龙葵素。成熟的马铃薯龙葵素含量很低，一般不会引起中毒。当存放时间过长时，龙葵素含量会增加，存放18个月的马铃薯龙葵素含量可达1.3%，发芽、腐烂变质的马铃薯龙葵素含量高达1.84%，猪采食后常导致中毒。

(2) 临床症状 猪采食后4～7天出现中毒症状，病初兴奋不安、狂躁，不顾任何障碍向前冲撞，并伴有呕吐和腹痛症状。短期兴奋后转为沉郁，四肢麻痹，后肢软弱，走路摇摆，呼吸微弱、喘气，可视黏膜发绀，瞳孔散大，多在3天后死亡。中毒轻微时，主要表现为胃肠炎症状，如呕吐、腹泻、腹痛、食欲减退，并伴有体温升高，病猪低头呆立，头、颈、眼睑部位发生水肿。妊娠母猪中毒时易导致流产。

2. 病理学诊断

实质器官常见出血，肝脏、脾脏肿大、瘀血，心内充满凝固不良的暗黑

色血液。胃肠黏膜充血、潮红、出血，上皮细胞脱落，腹腔积水。

3. 毒物分析

（1）简易测定　将马铃薯发芽部位切开，于芽附近滴加硝酸，如立即呈现玫瑰红色，即可证明马铃薯中含有大量的龙葵素。

（2）定量测定　样品处理，称取40克马铃薯薯皮、薯肉、薯芽鲜样品，将其分别置于500毫升的圆底烧瓶中，用95%乙醇回流4小时，冷却、过滤，滤液旋转蒸发至浸膏状，然后用5%硫酸溶解，过滤。滤液用浓氨水调pH为10～11后离心10分钟，取沉淀重复用1%氨水洗涤，离心2次，即得粗样品。

用紫外比色法测定龙葵素含量，龙葵素在酸性条件下与甲醛形成稳定的紫红色络合物，其含量与颜色深浅呈正相关，选择530纳米作为测定波长，用外标法测定溶液吸光值，计算龙葵素含量。

二、预防措施及治疗方法

（1）预防措施　严禁用发芽、腐烂变质的马铃薯作猪饲料，必须饲喂时，应进行无害处理，充分煮熟后与其他饲料搭配饲喂，发芽的马铃薯要去除幼芽，煮过马铃薯的水不能饮用，饲喂量应逐渐增加。妊娠母猪不要喂马铃薯。

（2）治疗方法　发现中毒时，立即灌服1%硫酸铜溶液20～50毫升，或皮下注射阿扑吗啡10～20毫升排出胃内容物。对兴奋不安的病猪可灌服溴化钠5～15克，或静脉注射10%溴化钠注射液10～20毫升，每日2次。中毒严重时可静脉注射5%～10%葡萄糖溶液或葡萄糖盐水注射液200～500毫升。胃肠炎病猪可灌服1%鞣酸溶液100～400毫升。

第八节　酒糟中毒

酒糟是酿酒后的残渣，除含有蛋白质、脂肪等营养物质外，还有促进食欲、帮助消化等作用，但长期大量使用或误食腐败酒糟，即可引起酒糟中毒。

一、快速诊断及类症鉴别

1. 临床诊断

（1）中毒诱因　新鲜酒糟中含有残余的酒精、甲醛和酸类，酒糟霉败变质后内含游离酸、杂醇油及真菌毒素等有毒物质。如果给猪饲喂这样的酒糟即可引起中毒。

（2）临床症状 急性中毒时，初期病猪体温升高，结膜潮红，狂躁不安，呼吸急促。出现腹痛、腹泻等胃肠炎症状；病猪四肢麻痹，卧地不起。慢性中毒表现消化紊乱，便秘、腹泻、血尿，结膜发炎，视力减退甚至失明，出现皮疹和皮炎。酸类物质引起钙磷代谢障碍，出现骨质软化。最后体温降低，呼吸中枢麻痹而死；病程长者可见黄疸、血尿，妊娠母猪流产。

2. 病理学诊断

胃肠黏膜充血、出血，心内膜出血，肺充血、水肿，肝脏、肾脏肿胀，质地变脆。脑和脑膜充血，脑实质常有出血。胃内容物有酒糟和醋味。

3. 中毒复制

将酒糟饲喂试验猪，则可出现与中毒病例相同的症状和病理变化。

4. 类症鉴别

（1）与猪棉籽饼中毒的鉴别 两者均表现体温升高，尿血，下痢，胃内容物呈土褐色等症状。不同点是：棉籽饼中毒病猪精神不振，弓背，后肢软弱，胸腹腔有红色渗出物。

（2）与猪钩端螺旋体病的鉴别 两者均表现体温升高，黏膜黄染，血尿等症状。不同点是：钩端螺旋体病猪全身水肿，皮下组织黄疸，膀胱内有血红蛋白尿。

二、预防措施及治疗方法

（1）预防措施 加强饲养管理，控制酒糟食用量，尽量饲喂新鲜酒糟，或与其他青绿饲料搭配使用，避免发生中毒。

（2）治疗方法 发现中毒立即停喂酒糟，并内服1%～3%碳酸氢钠溶液500～1000毫升，灌服植物油300～400毫升、盐类泻剂，对兴奋不安的病猪可静脉注射10%水合氯醛注射液10～15毫升。

第九节 黑斑病甘薯中毒

黑斑病甘薯中毒又称霉烂甘薯中毒，是猪吃了有黑斑病的甘薯及其制品所引起的中毒病。

一、快速诊断

1. 临床诊断

（1）中毒诱因 霉烂变质的甘薯中含有甘薯酮、甘薯醇、甘薯宁等

有毒成分，在甘薯（红薯）的表面形成暗褐或黑色斑点，内部变干硬，味苦，被猪采食后即可引起中毒。

（2）临床症状 病猪表现精神沉郁，食欲废绝，可视黏膜发绀，口吐白沫，极度呼吸困难，先便秘后拉稀，排出含有黏液和血液的稀软恶臭粪便。严重者运动障碍，步态不稳，出现前冲后撞的神经症状。

2. 病理学诊断

肺水肿、气肿，胃肠黏膜充血、出血，易于脱落，肝脏肿大，胆囊充满胆汁。

3. 中毒复制

将霉烂变质的甘薯饲喂试验猪，可出现与中毒病例相同的症状和病理变化。

二、预防措施及治疗方法

（1）预防措施 加强甘薯的收藏管理，甘薯收运时注意不要擦伤薯皮，防止甘薯感染黑斑病菌，地窖储存时注意保温、密封、干燥，防止甘薯霉烂，禁用变质霉烂甘薯喂猪。

（2）治疗方法 治疗的原则是及时排出毒物，解毒，缓解呼吸困难。发病早期可采用1%高锰酸钾溶液或1%过氧化氢溶液洗胃、催吐或盐类泻剂排毒，静脉注射5%葡萄糖盐水和维生素C解毒，用硫代硫酸钠缓解呼吸困难症状。

第十节 菜籽饼中毒

菜籽饼内蛋白质含量是高粱和玉米的4～5倍，高达32%～39%，可作为蛋白质饲料的重要来源，但过量饲喂可引起中毒。

一、快速诊断及类症鉴别

1. 临床诊断

（1）中毒诱因 菜籽饼中含有芥子苷、芥子酸钾、芥子酶和芥子碱，尤其是芥子苷在芥子酶的作用下，可水解形成异硫氰酸丙烯酯或丙烯基芥子油等有毒成分，如果菜籽饼不经处理，大量或长期饲喂就可能引起中毒。

（2）临床症状 病猪精神不振，食欲减退或废绝，站立不稳。腹疼、腹泻，大便带血，排尿次数增多，排血尿。耳尖、蹄部发凉，可视黏膜发绀。鼻孔流出粉红色泡沫状液体，咳嗽、呼吸困难，瞳孔散

大，体温偏低，妊娠母猪流产，最后因心力衰竭而死亡。

2. 病理学诊断

血液凝固不良如漆样，胃内可见少量凝血块，肠黏膜充血、出血，肾脏出血，肝脏充血、肿大、变色，肺水肿、间质增厚，切面空腔内有大量泡沫状液体溢出，心内、外膜有点状出血。

3. 中毒复制

将菜籽饼饲喂试验猪，可出现与中毒病例相同的症状和病理变化。

4. 类症鉴别

（1）与酒糟中毒的鉴别 两者均表现食欲不佳，腹疼、腹泻，呼吸困难，尿发红等症状。不同点是：酒糟中毒病猪表现兴奋不安，昏迷，卧地不起，胃内容物有酒味，胃肠黏膜充血、有出血点。

（2）与棉籽饼中毒的鉴别 两者均表现精神沉郁，体温不高，弓腰，走路摇摆，拉血便等症状。不同点是：棉籽饼中毒病猪胸腹下水肿，嘴、尾根皮肤发绀，肾脏脂肪变性，膀胱充满尿液。

二、预防措施及治疗方法

（1）预防措施 限量饲喂菜籽饼，饲喂前进行去毒处理。坑埋法，即将菜籽饼埋入土坑内两个月，可去毒99.8%。发酵中和法，经过发酵处理的菜籽饼，可去毒90%以上。浸泡法，菜籽饼经清水浸泡漂洗1天，也可使之减毒，而达到安全饲用的目的。禁喂发霉变质的菜籽饼。

（2）治疗方法 发现中毒立即停喂菜籽饼，改喂其他蛋白质饲料。必要时灌服0.1%高锰酸钾溶液、蛋清和牛奶。另外还可以适当使用一些维生素C、维生素K及肾上腺皮质激素来强心、保肝、预防肺水肿。

第十一节 棉籽饼中毒

棉籽饼中粗蛋白含量高达30%以上，其必需氨基酸含量仅次于大豆粕，是重要的蛋白质补充饲料。但长期或大量采食棉籽饼可引起猪中毒。

一、快速诊断及类症鉴别

1. 临床诊断

（1）中毒诱因 棉籽饼中含有多种棉籽毒素，主要有毒成分是游离棉酚，游离棉酚在棉籽饼中的含量为0.04%～0.08%，其在体内排泄缓慢，有蓄积作用。如长时间饲喂过量棉籽饼就可导致猪中毒，严重者可造成死亡。

（2）临床症状 病初病猪体温正常，精神沉郁，食欲减退、呕吐，呼吸困难，昏迷，嗜睡，麻痹，四肢软弱，行走困难，摇摆不定，视觉障碍，耳尖、尾部、皮肤发绀。消化系统紊乱，粪便呈黑褐色，先便秘后拉稀，混有黏液和血液。后期体温升高，腹下、四肢水肿，排尿困难，呈现血尿或血红蛋白尿。妊娠母猪流产、产死胎及产畸形仔猪，严重者，病后当天或2~3天内死亡。仔猪常腹泻、脱水和惊厥，死亡率高。

2. 病理学诊断

肝脏充血肿大、变色，呈土黄色或灰黄色；肺充血水肿，肺门淋巴结肿大，气管内有血样气泡；胸腔、腹腔有黄色渗出液；胃肠黏膜有卡他性或出血性炎症；心内、外膜有出血；胆囊肿大；肾脏肿大，表面有散在的出血点。

3. 毒物分析

测定饲料中游离棉酚的含量，我国饲料卫生标准规定，肉猪配合饲料中游离棉酚含量不得大于60毫克/千克，或测定血液中游离棉酚含量。

4. 类症鉴别

（1）与猪菜籽饼中毒的鉴别 两者均表现食欲差，精神不振，弓背，后肢软弱，便血等症状。不同点是：菜籽饼中毒病猪排尿困难，尿频、尿血，肝脏肿大，肾脏瘀血。

（2）与亚急性型（疹块型）**猪丹毒的鉴别** 两者均表现体温升高，皮肤有疹块。不同点是：亚急性型猪丹毒皮肤疹块呈菱形，凸出于皮肤表面。

二、预防措施及治疗方法

（1）预防措施 未经脱毒的棉籽饼，在日粮中的用量不超过5%，仔猪和妊娠母猪日粮中最好不用，在饲喂棉籽饼时要增加日粮中蛋白质、维生素、矿物质、青绿饲料的用量。在加工棉籽饼时应注意加热减毒，加铁去毒，将棉籽饼用1%硫酸亚铁溶液浸泡1昼夜，中间搅拌几次，浸泡后去除浸泡液可直接饲喂。

（2）治疗方法 发生中毒时立即停喂棉籽饼，初期用0.1%高锰酸钾溶液或3%碳酸氢钠水溶液250~500毫升一次灌服洗胃，或内服硫酸镁250~500克加水一次灌服，加速毒物的排出。对病情严重的仔猪可静脉注射25%葡萄糖200~250毫升和10%安钠咖10毫升。

第十二节 土霉素中毒

土霉素是治疗和预防疾病的常用抗生素类药物，如果一次用量过大或服用时间太长即可引起中毒，甚至死亡。猪每天内服2.5克，连续用2天可导致死亡。

一、快速诊断及类症鉴别

1. 临床诊断

（1）中毒诱因 土霉素在体内，吸收快、排泄慢，一次大剂量服用或持续长时间服用，可导致维生素B和维生素K缺乏症和肝毒性，从而引起中毒。

（2）临床症状 大剂量注射几分钟后病猪即表现狂躁不安，全身痉挛，肌肉震颤，四肢站立如木马状，张口呼吸，呈腹式呼吸，口吐大量泡沫，结膜潮红，瞳孔散大，反射消失，呼吸、心跳加快，每分钟心跳120~140次。内服中毒时，出现呕吐、腹泻、黄疸。有的发生昏睡，全身肌肉松弛，伏卧不安，耳尖发冷，心跳加快，严重时瞳孔散大，最后心衰而死。

2. 病理学诊断

中毒猪或死亡猪肝脏、肾脏损伤，胃肠出血。

3. 毒物分析

取可疑药物0.5毫克，加硫酸2毫升，如为土霉素可呈现朱红色。

4. 类症鉴别

（1）与食盐中毒的鉴别 两者均表现口吐白沫，肌肉震颤，瞳孔散大等症状。不同点是：食盐中毒病猪虽然口渴，饮水量大，但尿量极少，先兴奋后昏迷。

（2）与猪传染性脑脊髓炎的鉴别 两者均表现全身肌肉痉挛、震颤，四肢僵硬等症状。不同点是：猪传染性脑脊髓炎有传染性，病猪体温升高，前肢前伸，后肢后伸，常发生剧烈的阵发痉挛，对声响敏感，常激起大声尖叫，角弓反张。

二、预防措施及治疗方法

（1）预防措施 在应用土霉素时按照说明使用，严格控制服药时间。如需内服时应与饲料混合，以免刺激胃和发生二重感染。服用时应配合维生素B，不能与碱性药物同时服用，以免形成复合物失效。

（2）治疗方法 内服中毒时，用1%~2%碳酸氢钠溶液200~400毫升、硫酸钠20~50克灌服。并用含糖盐水200~500毫升、5%碳酸氢钠溶液20~50毫升静脉注射。注射中毒时，用5%碳酸氢钠溶液50~300

毫升、含糖盐水500～1000毫升、樟脑磺酸钠5～10毫升静脉注射。

第十三节　磺胺类药物中毒

磺胺类药物是猪病防治常用的化学合成药物，用药剂量过大，或连续使用超过7天，即可造成中毒。维生素K缺乏可促发本病。

一、快速诊断

1. 临床诊断

（1）中毒诱因　在治疗猪病时，如果磺胺类药物使用不当或用量过大均可引起药物中毒。

（2）临床症状　病猪精神沉郁，食欲减退或废绝，被毛粗乱，有的病猪皮肤有红紫色区域，部分病猪发生腹泻，排灰黄色或浅黄色稀粪，肌肉震颤，软弱无力。后肢无力，拖拉行走或跛行，一肢或两后肢行走不便，中毒严重时，病猪卧地不起直至死亡。

2. 病理学诊断

皮下可见浅黄色液体并有出血斑点，淋巴结肿大呈暗红色，肾脏呈土黄色，肾盂内可见到黄白色磺胺结晶。血液凝固不良，小肠卡他性炎症，肝脏呈灰褐色或紫红色，脾脏瘀血，部分病猪输尿管增粗，管腔内有结晶物。

3. 毒物分析

取尿液盛于试管内，用白纸条一端浸于尿液中，浸湿后取出，滴加20%盐酸液一滴，则见纸条呈深黄色或橙黄色，表明尿中含有磺胺类药物。

二、预防措施及治疗方法

（1）预防措施　谨慎使用磺胺类药物，必须使用时，饲料和药物要充分混匀，注意控制用药剂量和疗程。应用磺胺类药物期间，要提高饲料中维生素K、维生素B、维生素C的含量。连续用药不超1周。

（2）治疗方法　内服硫酸铜催吐，0.01%高锰酸钾溶液洗胃，硫酸钠或硫酸镁下泻，葡萄糖维生素C补液解毒。停止饲喂磺胺类药物，供给充足饮水。在饮水中加入1%小苏打或5%葡萄糖溶液，连饮3～4天。每千克饲料中可加入5毫克维生素K，连用3～4天。

第十四节　砷及砷化物中毒

猪因采食被砷及砷制剂污染的饲料，或食用含砷及砷制剂的药物过量，而引起猪的中毒称为砷中毒。引起猪中毒的砷制剂有三氧化二砷、砷酸钠、亚砷酸钠、砷酸钙、砷酸铅以及低毒的砷铁铵、新胂凡纳明等。

一、快速诊断

1. 临床诊断

（1）中毒诱因 由于杀虫药、灭鼠药、兽药和医药中，常含有砷及其砷化物，当这些有毒成分污染饲料后被猪误食，或过量饲喂即可引起中毒。

（2）临床症状 急性中毒病猪表现为流涎、呕吐、腹疼、腹泻，粪便有蒜臭味，混有血液或脱落的黏膜。可视黏膜发绀，兴奋不安，肌肉震颤，共济失调，步态蹒跚，后身麻痹，体温下降，呼吸衰竭进而引起死亡。皮肤有红斑，有时可见失明。慢性中毒时表现为消瘦，可视黏膜充血，腹泻。运动失调，四肢逐渐麻痹，膝关节不能弯曲，逐步出现失明。

2. 病理学诊断

胃、小肠、盲肠充血、出血、水肿，黏膜糜烂坏死，严重者可发生穿孔。胃内容物有蒜臭味。心脏、肝脏、肾脏等器官脂肪变性，肝脏呈黄色，胸膜、心内外膜、膀胱有点状或弥漫性出血。

3. 毒物分析

可采集胃内容物、尿、被毛、肝脏、脾脏和可疑饲草等进行砷含量分析，肝脏、肾脏中砷含量超过10毫克/千克、血液中砷含量达1~2毫克/升时，即为砷中毒。

二、预防措施及治疗方法

（1）预防措施 加强农药的管理，防止含有砷的农药污染饲料，如喷撒含砷农药的作物或牧草要间隔一定的时间才可食用，否则禁用，如果砷制剂用于某些病的治疗时，要严格控制剂量和疗程。

（2）治疗方法 首先使用氧化镁洗胃，同时肌内注射特效解毒剂二巯丙醇或二巯丙磺酸钠按5毫克/千克体重，每隔4小时注射1次，连用2天，第3天每隔6小时注射1次，以后每天2次，连用7天。

附　录

附录A　哺乳仔猪腹泻性疾病的鉴别诊断

疾病名称	发病年龄	腹泻特征	其他症状	剖检特点	诊断方法
猪传染性胃肠炎	各种年龄的猪可同时发生	水样腹泻，粪便呈黄、绿或灰白色，有恶臭味	呕吐，脱水，发病率高，多发于寒冷季节，7日龄以内的仔猪死亡率几乎为100%	胃内充满凝乳块，肠内充满黄绿色或灰白色液体，肠壁充血，胃壁出血，小肠壁薄	荧光抗体法、病原分离、电镜检查
仔猪黄痢	7日龄以内仔猪，尤其是1~3日龄仔猪发病率高	排出黄色、黄白色、灰黄色带气泡的水样稀便，有腥臭味	脱水，无呕吐，典型的窝感染，母猪不感染，初产母猪所产仔猪发病严重	胃黏膜和浆膜充血、出血、水肿，肠腔充满黄色、黄白色带腥臭的内容物，肠黏膜肿胀、充血或出血	细菌分离鉴定
仔猪白痢	10~30日龄的仔猪	排出乳白色、灰白或黄白色糨糊状的粪便，有腥臭味	一窝仔猪中只要一头发病，其余的仔猪同时或相继发病，死亡率不高	小肠壁变薄，肠内空虚，有大量气体和少量灰白色稀粪；胃内有少量凝乳块，胃黏膜充血、出血	细菌分离鉴定

（续）

疾病名称	发病年龄	腹泻特征	其他症状	剖检特点	诊断方法
猪流行性腹泻	哺乳期间任何日龄的仔猪，哺乳后期发病较多	水样腹泻，呈灰黄色、灰色、浅绿色，有恶臭味	呕吐，脱水，发病率高，1周龄仔猪死亡率约90%，母猪感染表现腹泻、呕吐	病变仅见于小肠，小肠膨胀，肠壁变薄，肠管内充满黄色的液体或气体	荧光抗体、中和试验、病原分离鉴定、电镜检查
猪梭菌性肠炎（仔猪红痢）	1～3日龄仔猪，1周龄以上仔猪很少发病	带血性腹泻，便中含有坏死组织碎块	虚脱，偶见呕吐	空、回肠肠壁充血；肠腔内有血性液体，黏膜增厚坏死，腹腔淋巴结出血	细菌的分离培养、病理组织学观察
猪瘟	各日龄的仔猪	水样腹泻带黏液或血液	全身症状，神经症状等，死亡率高，大小猪均发病	肠黏膜纽扣状溃疡，全身败血性变化，大理石状淋巴结	免体免疫交叉试验、血清学检查
猪轮状病毒病	8周龄以内的仔猪，日龄越小，发病率越高	粪便水样或糊状，呈黄白色、灰色、黑色，有时混有血液、黏液	偶见呕吐，消瘦，发病率高，死亡率低。缺乏母源抗体的仔猪死亡率高	肠壁变薄，充有液体，结肠扩张	间接血凝、病毒分离鉴定
伪狂犬病	各日龄的仔猪	便型不固定	呆滞，共济失调，呼吸困难，流涎，中枢神经症状	坏死性扁桃体炎，肝脏、脾脏有坏死灶，肺充血，咽炎	小鼠接种、病理组织学和病原体检查

（续）

疾病名称	发病年龄	腹泻特征	其他症状	剖检特点	诊断方法
仔猪副伤寒	哺乳仔猪发病率不高，2～4月龄仔猪多发	顽固性下痢，粪便水样，为黄绿色或暗棕色，常混有血液和坏死组织或纤维素絮片，有恶臭味	败血症，偶见中枢神经症状	纤维素性坏死性肠炎，肠壁增厚，黏膜上覆盖一层弥漫性坏死性和腐乳状坏死物质，剥离后边缘留下不规则的溃疡面	血清学检查、皮试、细菌分离鉴定
猪痢疾	7日龄以上仔猪，1.5～4月龄仔猪多发	糊状粪便或黄色稀粪，内有黏液或血液，有腥臭味	无脱水，窝内散发，死亡率低，夏末和秋季多发	病变限于大肠，在肠黏膜表面形成伪膜，外观似麸皮和豆腐渣样的病变，剥去伪膜露出浅表的糜烂面	细菌分离培养、病理组织学检查
猪丹毒	各日龄的仔猪	水样腹泻	哺乳仔猪发病率低，死亡率高，呈全身症状	仔猪膀胱充满尿液，肾脏苍白，有不同程度的出血点，膀胱、喉头黏膜、心外膜有不同程度的出血点	鸽子及小鼠接种、病理组织学和病原体检查
猪弓形虫病	各日龄的仔猪	水样腹泻	呼吸困难，中枢神经症状，全身症状	脾脏呈紫黑色，有粟粒大丘状凸起的出血性梗死斑，肝脏表面有大小不等的米黄色坏死灶	小鼠接种、病理组织学和病原体检查

（续）

疾病名称	发病年龄	腹泻特征	其他症状	剖检特点	诊断方法
猪类圆线虫病	3～4周龄仔猪	便型不固定	呼吸困难，中枢神经症状	小肠黏膜点状或带状出血	检查粪便内的虫卵
猪球虫病	7～21日龄仔猪	腹泻不止，水样，呈灰黄色，有恶臭味	消瘦，被毛粗乱，发病率不等，死亡率高，在8～9月多发	纤维性坏死性肠炎；空、回肠出现坏死性伪膜，大肠无变化	空肠或回肠黏膜涂片、裂殖子黏膜涂片、病理组织学检查

附录B 哺乳仔猪呕吐疾病的鉴别诊断

疾病名称	发病年龄	呕吐症状	侵害器官	母猪症状	其他症状
猪血凝性脑脊髓炎：脑脊髓炎型	1～3周龄仔猪	明显	神经系统	无	后肢麻痹不全，咳嗽，昏睡，便秘，触摸时尖叫，步态生硬，病死率几乎为100%
猪血凝性脑脊髓炎：呕吐消瘦型	1～3周龄仔猪	明显	全身疾病	无	生长不良，渴而不饮，先腹泻后便秘，病死率几乎为100%
猪传染性胃肠炎	所有年龄，10日龄以内仔猪发病严重	明显	胃肠	厌食，呕吐，腹泻	大量水样腹泻，10日龄以内的仔猪病死率几乎为100%。小肠绒毛萎缩，肠绒毛长度和肠腺隐窝深度之比，由正常的7:1变为1:1

（续）

疾病名称	发病年龄	呕吐症状	侵害器官	母猪症状	其他症状
猪流行性腹泻	所有年龄，1周龄以内仔猪发病严重	明显	胃肠	厌食，呕吐，腹泻	大量水样腹泻，1周龄以内的仔猪病死率为50%。小肠绒毛萎缩，肠绒毛长度和肠腺隐窝深度之比，由正常的7:1变为3:1
伪狂犬病	所有年龄，2周龄以内仔猪发病严重	中等频度，常见	神经系统	正常或咳嗽，厌食，便秘，神经症状	呼吸困难，流涎，腹泻，震颤、癫痫发作
猪轮状病毒性肠炎	哺乳仔猪少见	偶见	胃肠	无	水样腹泻
猪瘟	所有年龄	中等频度，常见	全身疾病	与仔猪症状相似	缓慢流行，部分发病，淋巴结充血、出血、水肿，外观似大理石样花纹
非洲猪瘟	所有年龄	中等频度，常见	全身疾病	与仔猪症状相似	呈暴发式流行，大批发病，淋巴结严重出血，状似血瘤
猪呕吐毒素中毒	所有年龄	中等频度，常见	胃肠	贫血，腹泻	贫血，腹泻，生长慢

附录C 猪呼吸困难和咳嗽疾病的鉴别诊断

疾病名称	发病年龄	临床症状	剖检特点	诊断方法
猪萎缩性鼻炎	所有年龄，2～5月龄的猪最易感	打喷嚏，呼吸困难，偶有发热，仔猪死亡率高，眼眶下见半月状的泪斑，鼻漏，鼻子歪向一侧	鼻甲骨萎缩，鼻中隔偏曲或萎缩，总鼻道增宽，有浆液或脓性渗出物	特征性病变，病原学检测，免疫学检测
猪包涵体鼻炎	2周龄仔猪最易感	表现流泪、打喷嚏，鼻孔流浆液性分泌物，呼吸困难，精神沉郁，厌食，消瘦，麻痹死亡	肺水肿，肺的尖叶、心叶可见肺炎灶，胸腔和心脏周围有渗出液，淋巴结和肾脏肿大、出血	病理学检测，病原学检测，免疫学检测
副猪嗜血杆菌病	5～8周龄仔猪最易感	发热，厌食，呼吸困难，关节肿大，跛行，共济失调，转圈运动，抽搐，皮肤潮红，死前侧卧或四肢呈划水样	肺表面及胸壁附着有大量纤维素性渗出物。心包炎，绒毛心，关节炎	病原学检测，免疫学检测
猪传染性胸膜肺炎	各种年龄的猪，3月龄的猪最易感	呼吸困难，张口伸舌，发热，厌食，从口鼻流出泡沫样浅红色的分泌物	肺呈紫红色，切面似肝组织，纤维素性附着表面，心外膜有白色絮状物覆盖	病原学检测，免疫学检测
猪肺疫	1周龄以上，小猪和架子猪多发	呼吸困难，咳嗽、有痰，发热，全身皮肤出现红斑，指压不完全褪色，精神沉郁，死亡率中等	咽喉炎性水肿、出血，气管中有大量泡沫，肺充血、水肿，纤维素性肺炎，肺肝变区切面呈大理石样	病原学检测

（续）

疾病名称	发病年龄	临床症状	剖检特点	诊断方法
猪流行性感冒	各种年龄的猪	发热，厌食，精神委靡，呼吸急促，咳嗽，打喷嚏，鼻腔流出浆性或脓性鼻汁。传播快，发病率高，死亡率低	呼吸道黏膜充血、出血，表面有大量泡沫样黏液，有时混有血丝，胸腔、心包蓄积大量混有纤维素的浆液	免疫学检测，临床特征
猪繁殖与呼吸综合征	各种年龄的猪，仔猪多发	呼吸困难，发热，食欲减少或废绝，耳朵发绀，母猪流产、产死胎，断奶前仔猪死亡率可达80%～100%	肺呈红褐花斑状，不塌陷，病死仔猪皮下水肿，胸腔、腹腔有积水，肝脏肿大、有灰白色坏死灶	病原学检测，免疫学检测
猪支原体肺炎	各种年龄的猪，2～5月龄仔猪多发	呼吸困难，张口喘气，进食和活动后咳嗽明显，咳嗽时站立不动，厌食，体温一般正常	肺尖叶、心叶、中间叶呈浅红色或灰红色，半透明状，界线明显，似鲜嫩肌肉样，俗称“肉变”	病原学检测，免疫学检测，X射线透视
猪瘟	各种年龄的猪	呼吸困难，咳嗽，打喷嚏，发热，全身症状，消化道症状	淋巴结充血、出血、水肿，外观似大理石样花纹，肠黏膜呈纽扣状溃疡	病原学检测，免疫学检测
非洲猪瘟	各种年龄的猪	呼吸困难，咳嗽，打喷嚏，发热，全身症状，消化道症状	淋巴结严重出血、水肿，状似血瘤，脏器及黏膜各处见出血斑点，肝脏、脾脏肿大	病原学检测，免疫学检测
猪坏死性鼻炎	小猪和架子猪多发	表现为咳嗽，打喷嚏，呼吸困难，从鼻孔流出脓性鼻液，减食，偶有发热	鼻黏膜充血、溃疡，黏膜坏死，表面覆盖有黄白色伪膜	病原学检测

（续）

疾病名称	发病年龄	临床症状	剖检特点	诊断方法
伪狂犬病	4～15日龄仔猪多发	呼吸困难，咳嗽、有痰，发热，神经症状，死亡率约85%	肺水肿，上呼吸道内有大量泡沫样液体，喉黏膜和浆膜可见点状或斑状出血，肝脏表面有大量针尖大小的黄白色坏死灶	病原学检测，免疫学检测
猪弓形虫病	各种年龄的猪	呼吸困难，咳嗽，流涕，高热，精神沉郁，全身症状	肺间质水肿和出血，脾脏呈紫黑色，有粟粒大丘状凸起的出血性梗死斑，肠系膜淋巴结呈绳索状肿胀和坏死	病原学检测，药物治疗性诊断
亚硝酸盐中毒	1月龄以上的仔猪	呼吸困难，流涎，呕吐，挣扎鸣叫，脉搏快而细弱，全身发绀，体温正常或偏低，口鼻流出浅红色泡沫状液体	血液如酱油状，凝固不良，胃底弥漫性出血，心肌苍白，肺气肿，肝脏显著肿胀	临床症状，毒物分析
仔猪副伤寒	2～4月龄仔猪多发	呼吸困难，咳嗽、有痰，发热，肠炎，腹泻等，发病率低于10%，病死率达20%～40%	肠壁增厚，黏膜潮红，上覆盖一层弥漫性坏死性和腐乳状坏死物质，剥离后见基底潮红，边缘留下不规则的溃疡面	病原学检测，细菌分离培养

附录 D 猪繁殖障碍性疾病的鉴别诊断

疾病名称	母猪症状	胎儿年龄	胎儿和胎盘变化	诊断方法
猪细小病毒病	无症状	胎儿常死在不同的发育阶段	产仔数少，常见产木乃伊胎、死胎或弱猪，分解的胎盘紧包胎儿	病原学检测，免疫学检测
猪乙型脑炎	无症状	胎儿常死在不同的发育阶段	常见产木乃伊胎，产仔数少，胎儿脑积水，皮下水肿，肝脏、脾脏有坏死灶	免疫学检测，胎儿病料荧光抗体试验
伪狂犬病	打喷嚏，咳嗽，便秘，流涎，厌食，呕吐，中枢神经系统症状	胎儿常死在不同的发育阶段	肝脏局部有坏死灶，产木乃伊胎、死胎，产仔数少，坏死性胎盘炎	免疫学检测，病毒检测
猪繁殖与呼吸综合征	一般无明显临床症状，仅见轻度呼吸困难，食欲不振，发热	胎儿常在妊娠后期死亡	产死胎、木乃伊胎，早产，头部水肿，胸腹腔积水	胎儿病料分离培养病毒，反转录聚合酶链反应
猪瘟	嗜睡，厌食，发热，全身症状	胎儿常死在不同的发育阶段	产死胎、木乃伊胎，水肿，腹水，头和肢畸形，肝脏坏死	反转录聚合酶链反应

（续）

疾病名称	母猪症状	胎儿年龄	胎儿和胎盘变化	诊断方法
猪流行性感冒	极度衰弱，嗜睡，呼吸用力	胎儿常死在不同的发育阶段	产仔数少，产木乃伊胎、死胎，出生仔猪虚弱	双份血清样品测定
刚地弓形虫	无	任何年龄	流产，产死胎、产弱仔，木乃伊胎少	病原学检测，组织病理学检查
猪水疱性疾病（口蹄疫、水疱病等）	鼻、口、蹄部水疱	相同年龄或任何年龄	无肉眼变化	病原学检测，免疫学检测
猪肠道病毒、腺病毒、呼肠孤病毒	常无症状	胎儿常死在不同的发育阶段	产仔数少，产木乃伊胎、死胎，所产仔猪虚弱	免疫学检测，双份血清样品的测定
非洲猪瘟	嗜睡，厌食，发热，呼吸困难，呕吐，腹泻	相同年龄，任何年龄	斑点状出血	免疫学检测，聚合酶链反应
猪钩端螺旋体病	少数有发热，厌食，腹泻，流产	妊娠中后期，小猪为同一个年龄	产死胎或弱胎，偶见流产，弥漫性胎盘炎	暗视检查菌体，免疫学检测
布氏杆菌病	少见症状，妊娠的任何时间流产	仔猪为相同年龄，也可任何年龄	胎盘、胎儿自溶，外观正常，皮下水肿，腹泻，积水，出血，化脓性胎盘炎	病原学检测，胎儿病料分离培养细菌，免疫学检测

（续）

疾病名称	母猪症状	胎儿年龄	胎儿和胎盘变化	诊断方法
猪衣原体病	多为隐性感染	胎儿常死在不同的发育阶段	流产，产死胎、弱仔	病原学检测，免疫学检测
其他细菌感染（如大肠杆菌、金黄色葡萄球菌、李氏杆菌、猪丹毒杆菌等）	一般无临床症状	所有仔猪同一年龄	胎盘可近乎正常，稍自溶，有水肿，化脓性胎盘炎	病原学检测，胎儿病料分离培养细菌
猪巨细胞病毒感染	常无症状	胎儿常死在不同的发育阶段	产仔数少，产木乃伊胎、死胎，所产仔猪虚弱	免疫学检测，双份血清样品的测定
猪蓝眼病	一般无临床症状	胎儿常死在不同的发育阶段	产仔率降低，死胎和木乃伊胎增多	免疫学检测
维生素 A 缺乏症	不明显	年龄可能不同、都为同一年龄	产死胎或弱仔，无眼畸形，小眼畸形，失明，全身水肿	眼异常，病史
碘缺乏症	无	任何年龄	产木乃伊胎、死胎，初生仔猪质量低，畸形猪	病史和症状

附录E 神经症状疾病的鉴别诊断

疾病名称	发病猪及症状	病理变化	发病率和病死率	原因及诊断方法
伪狂犬病	神经症状明显。哺乳仔猪多发，成猪少发，新生仔猪呈败血症，4月龄以上及成年猪呈流感样，母猪流产，产死胎、木乃伊胎	无特征性肉眼变化，非化脓性脑炎，肺水肿，肝脏有小坏死灶	发病率高，全窝发病，仔猪死亡率可达80%，大猪死亡率低，成年猪很少死亡	伪狂犬病病毒感染。免疫学检测和分子生物学检测，动物试验
猪水肿病	神经症状明显。断奶后20～30千克仔猪多发，成年猪少发，头部水肿，突然死亡，腹部皮肤有红斑，皮下水肿	胃大弯部黏膜、结肠黏膜及眼睑水肿，水肿部位嗜酸性细胞浸润	发病率为15%，死亡率为50%～90%	溶血性大肠杆菌感染。病原学检测，动物试验
猪传染性脑脊髓炎	神经症状明显。任何年龄的猪，4～5周龄的猪易感。眼球震颤，发热，厌食	无特征性肉眼变化，非化脓性脑炎	发病率高，死亡率高	猪传染性脑脊髓炎病毒感染。病原学检测，免疫学检测
猪脑心肌炎	神经症状明显。哺乳仔猪多发，断奶后仔猪少发，眼球震颤，发热，厌食	心肌变性坏死，肝脏肿大，腹水	哺乳仔猪整窝发病，死亡率高	猪脑心肌炎病毒感染。免疫学检测，动物试验
仔猪先天性震颤	神经症状明显。初生仔猪，头胎全群发病，肌肉震颤	无特征性肉眼变化，非化脓性脑炎	整窝发病，死亡率高	震颤病毒感染。病原学检测，免疫学检测

（续）

疾病名称	发病猪及症状	病理变化	发病率和病死率	原因及诊断方法
狂犬病	神经症状明显。仔猪、成猪均发，两月龄以上为主，对人畜有攻击性，警觉性高	无特征性肉眼变化，神经细胞内有特异性包涵体	发病率低，死亡率100%	狂犬病病毒感染。免疫学检测
猪血凝性脑脊髓炎	神经症状明显。3月龄以内猪多发，呼吸困难，眼球震颤、失明，发热，厌食，呕吐	呈败血症病变，脑炎或软化灶，血管周围有管套细胞增生	发病率低，死亡率70%～100%	猪血凝性脑脊髓炎病毒感染。病原学检测，免疫学检测
猪链球菌病	神经症状明显。断奶后仔猪多发，发热，厌食	无特征性肉眼变化，脑膜充血，非化脓性脑炎	发病率低，死亡率高	溶血性链球菌感染。病原学检测，动物试验
李氏杆菌病	神经症状明显。任何年龄的猪，但以仔猪为主，发热，震颤，败血症和脑膜脑炎，应激性高	无特征性肉眼变化，化脓性脑炎，有小脓灶	发病率低，仔猪死亡率高达100%，成猪很少死亡	李氏杆菌感染。病原学检测，动物试验
副猪嗜血杆菌病	神经症状明显。5～8周龄的猪多发，精神沉郁，食欲下降，呼吸困难，腹式呼吸，发热，震颤	浆液性、纤维素性渗出，心包炎，胸膜炎，脑膜炎	发病率10%～15%，死亡率可达50%	副猪嗜血杆菌感染。病原学检测，免疫学检测
食盐中毒	神经症状明显。任何年龄的猪，但以仔猪为主，出血性胃肠炎，无传染性	出血性胃肠炎，嗜酸性细胞脑炎	发病率低，死亡率不定	饲喂食盐过量。毒物分析

（续）

疾病名称	发病猪及症状	病理变化	发病率和病死率	原因及诊断方法
神经性猪瘟	神经症状较明显。仔猪多发，败血症，肠炎，流产，产死胎	典型猪瘟病变，非化脓性脑炎	发病率高，死亡率不定	猪瘟病毒感染。免疫学检测
猪蓝眼病	神经症状较明显。任何年龄的猪，但以2～15日龄仔猪为主，角膜混浊，异常亢奋，发热，震颤，公猪睾丸炎，母猪流产，产死胎	角膜混浊，非化脓性脑炎	发病率20%～65%，病死率可高达90%	副黏病毒感染。病原学检测，动物试验
猪乙型脑炎	神经症状不明显。任何年龄的猪，成猪多发病，公猪睾丸炎，母猪流产，产死胎	无特征性肉眼变化，公猪睾丸炎，非化脓性脑炎	发病率低，死亡率低	猪乙型脑炎病毒感染。病原学检测，动物试验

附录F 断奶猪及成年猪无临床先兆突然死亡疾病的鉴别

疾病名称	发病年龄	剖检变化	发病诱因
仔猪水肿	断奶前后的仔猪	皮下组织、眼睑、胃黏膜水肿，胃充盈，肠系膜水肿，空肠臌气，胸腔、腹腔有澄清无色或浅黄色积液，暴露于空气后很快凝固成胶冻状	溶血性大肠杆菌

（续）

疾病名称	发病年龄	剖检变化	发病诱因
食盐中毒	断奶前后的仔猪和育肥猪	常无明显肉眼变化，可见胃炎、肠炎或胃黏膜充血、水肿	大量饲喂含盐的泔水、饭店残羹、咸菜等，饲料中添加不合格的鱼粉
维生素 E（硒）缺乏症	哺乳仔猪和育肥猪	骨胳肌和心肌水肿，呈灰白色条纹。切面粗糙不平，有坏死灶。肝脏呈紫黑色，肿大 1~2 倍，质脆易碎，呈豆腐渣样，心肌斑点状出血，心包积液	饲料中硒或维生素 E 缺乏或两者都缺乏所引起
副猪嗜血杆菌病	断奶前后的仔猪和架子猪	黏膜发绀，纤维素性胸膜炎，绒毛心，心包炎，腹膜炎，关节炎，脑膜炎	副猪嗜血杆菌感染
猪传染性胸膜肺炎	各种猪都易感，但以 3 月龄仔猪最易感	肺严重瘀血、出血，呈暗红色或紫红色，切面呈现肝变，表面有一薄层灰白色纤维素性分泌物与胸壁粘连，心外膜有白色絮状物覆盖	胸膜肺炎放线杆菌感染
猪链球菌病	各年龄的猪都易感	血液凝固不良，淋巴结出血、肿大，心内外膜及冠状沟脂肪常见出血点，肝脏瘀血、肿大，肾脏有出血点或出血斑	致病性链球菌感染
猪应激综合征	育肥猪、成年猪，特别是皮特兰猪和长白猪	腹下有融合的紫绀斑，尸僵迅速发生，肌肉苍白、柔软	驱赶，抓捕，运输，配种，斗架，保定

（续）

疾病名称	发病年龄	剖检变化	发病诱因
猪肺疫	任何年龄，但以小猪和架子猪多发	咽喉黏膜急性炎症，周围组织浆液浸润，淋巴结出血肿胀，肺急性水肿，可见红色肝变区，脾脏不肿大	多杀性巴氏杆菌感染
胃溃疡	育肥猪、成年猪	食道部糜烂，胃中有大量血液，皮肤、黏膜苍白	日粮中缺乏足够的纤维，含大量刺激性的矿物质合剂，饲料品质不佳
出血性肠炎综合征	常为年轻的成年猪	小肠充满血染的液体，腹腔内有血样液体，结肠充盈气体，皮肤、黏膜苍白	胞内劳森菌、弯曲杆菌、中毒、代谢障碍等
胃扭转	成年猪特别是母猪	胃充气、肿大，脾脏肿大	不恰当的产房，母猪可在栏内转圈
肠系膜扭转	生长育肥猪和成年猪	充血肠段与正常肠段界线分明	过度抢食，饲喂乳清或别的容积大的饲料
全身性沙门氏杆菌病	生长育肥猪和成年猪	末端发绀，脾脏巨大或肝脏巨大，肠系膜淋巴结肿大，肝脏有白色小点坏死	育肥环境中不断加进新的猪
电击	各年龄的猪	常无肉眼病变，肺可能有小点出血，蹄冠部有烧焦的毛，腿的内侧面有红色条痕	雷雨时雷击、建筑物内电短路
脑心肌炎	1～2月龄仔猪	心脏软而苍白，可见许多散在的白色病灶，胸、腹腔和心包积液，并含有少量纤维蛋白。肺常见充血和水肿	脑心肌炎病毒感染

（续）

疾病名称	发病年龄	剖检变化	发病诱因
煤焦油中毒	常为架子猪和育肥猪	肝脏极肿大、质脆	有煤焦油接触史，如沥清纸等
猪红肠病	任何年龄	皮肤苍白，死后腹部膨胀，小肠尤其是回肠部分肠壁呈深红色，肠道膨气，脾脏极度肿大或破裂。胸腹腔、心包有血染液体	诺维氏梭菌感染

附录G 断奶猪及成年猪跛行疾病的鉴别诊断

临床症状	病因分析	诊断方法
肌肉或软组织眼观肿胀	创伤	体格检查
	败血梭菌感染	剖检，细菌培养分离、鉴定
	背肌坏死	肌酸磷酸激酶，剖检
	非对称性后躯综合征	剖检
全身僵硬，不愿走动，步态改变，发热，常伴有其他败血症状	急性鼻支原体感染，急性副猪嗜血杆菌感染，急性猪丹毒，猪链球菌病	从肝脏、心脏、脾脏或病变组织中培养细菌
	破伤风杆菌感染	细菌分离、鉴定

（续）

临床症状	病因分析	诊断方法
关节肿胀	慢性鼻支原体感染，慢性副猪嗜血杆菌感染，慢性猪丹毒，类马沙门氏菌感染，猪滑液支原体感染，葡萄球菌、链球菌感染，猪真杆菌化脓性关节炎	从关节分泌物中培养分离细菌
	佝偻病	剖检，骨灰鉴定，日粮分析
后肢不全麻痹或后肢麻痹	布氏杆菌病	剖检，血清学试验
	佝偻病，骨软症	剖检，骨灰鉴定，日粮分析
	坐骨结节骨突溶解，股骨近端骺溶解，创伤，脊柱、腰荐或盆骨骨折，椎关节病	剖检
尾部咬伤	脊柱脓肿	剖检，细菌培养
无外部异常	猪滑液支原体感染	细菌培养
	骨关节病，股骨近端骺溶解，变性性关节病，骨关节软骨病，创伤，坐骨结节骨突溶解	剖检
无外部异常	腿虚弱综合征	体格检查
	软骨症和骨折	剖检，骨灰鉴定，日粮分析
	蹄异常，硒中毒	体格检查，硒含量测定
蹄侧壁裂，疼痛、热、肿胀	腐蹄病（猪真杆菌感染）	体格检查，细菌培养
无外部变形，疼痛、热、肿胀	蹄叶炎	体格检查，产后有发热史

（续）

临床症状	病因分析	诊断方法
蹄异常	蹄过度生长，腐蹄病，蹄裂，蹄踵分离，创伤	体格检查
蹄断裂，蹄踵糜烂和挫伤	蹄粗糙，环境潮湿，生物素缺乏	体格检查，日粮分析
水疱，蹄冠状带分离，交替跛行	口蹄疫，水疱性口炎，水疱性疹，猪水疱病	动物试验，病毒分离鉴定

附录H 断奶仔猪至成年猪全身性疾病的鉴别诊断

病因	病猪及临床症状	剖检变化	诊断方法
败血性沙门氏杆菌病	断奶到4月龄猪。发热（40.5～41.6℃），少数猪发现时已死亡，扎堆，发病率低于10%，死亡率20%～40%，发病后期呈顽固性下痢，厌食	皮肤有紫斑，胃黏膜坏死，纤维素性坏死性肠炎，黏膜上覆盖一层弥漫性坏死性和腐乳状坏死物质，剥离后边缘留下不规则的溃疡面，肝脏、脾脏肿大，肝脏表面有灰白色坏死灶	从肝脏或脾脏分离沙门氏杆菌
副猪嗜血杆菌感染	断奶前后的仔猪和架子猪。发热（40.5～42℃），厌食，沉郁，发绀，步态僵硬，不愿动，抽搐，呼吸困难，眼睑有时水肿	纤维素性或浆液纤维素性脑膜炎，胸膜炎，心包炎，腹膜炎，多发性关节炎	从病变组织中分离副猪嗜血杆菌
猪鼻支原体感染	3～10周龄仔猪。中等发热，精神沉郁，厌食，呼吸困难，四肢关节肿胀，跛行，腹部疼痛	浆液纤维素性或纤维素性脓性心包炎，胸膜炎，腹膜炎，关节炎	从病变中分离猪鼻支原体

（续）

病因	病猪及临床症状	剖检变化	诊断方法
仔猪水肿病	断奶前后的仔猪。发病率约16%，死亡率50%～90%。步态蹒跚，共济失调，震颤，眼睑水肿，体温一般正常，少数猪突发死亡	皮下组织、眼睑、胃黏膜水肿，胃充盈，肠系膜水肿，空肠臌气。胸腔、腹腔有澄清无色或浅黄色积液，暴露于空气后很快凝固成胶冻状	分离致病性大肠杆菌
猪丹毒	3～12个月的架子猪多发。发热（40～42℃），不愿起立，沉郁，厌食，全身出现界线明显、大小不等、形状不一的紫红色疹块，少数猪突发死亡	胃底及幽门部黏膜发生弥漫性出血，肾脏瘀血、肿大，肺充血、水肿，心内膜炎，脾脏肿大，关节积液，滑膜增生	从心脏、肺、脾脏、肾脏、关节囊液分离猪丹毒杆菌
猪瘟	任何年龄的猪。昏睡，沉郁，厌食，发热（41.1～42.2℃），结膜炎，早期便秘，后期严重水泻，扎堆，可能抽搐，虚弱，步态蹒跚，皮肤发绀，少数猪发现时已死亡，妊娠母猪流产	组织水肿，淋巴结肿胀有出血点，肾脏、膀胱、喉头、心散在出血斑点，脾脏梗死，大肠有纽扣状溃疡，支气管肺炎或肺充血，胃内空虚，淋巴结外观似大理石样花纹	兔体免疫交叉试验、血清学检查
非洲猪瘟	任何年龄的猪。不愿起立，沉郁，发热（40.5～42.2℃），厌食，皮肤充血，呼吸困难，腹泻和呕吐，流产	肠系膜水肿，腹水，胸腔积液，心外膜和肺散在出血斑点，淋巴结严重出血、水肿，状似血瘤。脾脏肿大有梗死，肺水肿，肾脏有出血点，不同程度的肠炎，结肠溃疡	荧光抗体试验，敏感猪接种

（续）

病　　因	病猪及临床症状	剖检变化	诊断方法
猪肺疫	任何年龄的猪，但以仔猪和架子猪多发。体温升高，呼吸困难，可视黏膜发绀，皮肤出现紫红斑，咽喉部肿胀、发热、坚硬，厌食，渐进性消瘦	咽喉黏膜急性炎症，周围组织浆液浸润，淋巴结出血、肿胀，肺急性水肿，可见红色肝变区，脾脏不肿大	肺、血液中分离多杀性巴氏杆菌
黄曲霉毒素	任何年龄的猪。沉郁，厌食，贫血，黄疸，体温正常	腹水，肿大的脂肪肝或肝坏死和肝硬化	饲料毒素检查
青霉毒素或赤霉菌毒素	任何年龄的猪。腹泻，多尿，剧渴脱水，体温正常	可能有肾脏纤维化，肝脂变和坏死	饲料毒素检查
猪链球菌病	任何年龄的猪。体温升高，食欲不振，便秘，眼结膜潮红，浆性鼻液，部分出现多发性关节炎、神经症状，跛行，共济失调，后期呼吸困难	血液凝固不良。淋巴结出血、肿大，心内、外膜及冠状沟脂肪常见出血点，肝脏瘀血、肿大，肾脏有出血点或出血斑	分离致病性链球菌

附录 I　哺乳仔猪全身性疾病的鉴别诊断

病　　因	母猪临床症状	患病仔猪剖检病变	诊断方法
链球菌、猪沙门氏菌、类马沙门氏菌感染	无	实质器官充血，纤维素丝，淋巴结肿大，脑膜炎，多关节炎	细菌培养，染色镜检

（续）

病　　因	母猪临床症状	患病仔猪剖检病变	诊断方法
低血糖	乳腺炎	无肉眼病变，无体脂，胃中无实物	母猪泌乳差，剖检
铁中毒	无	肌肉水肿，注射部位周围坏死	有最近注射铁的历史，剖检
大肠杆菌性败血症	无	器官可能充血，淋巴结肿大，水肿或变化不大	细菌培养，染色镜检
副猪嗜血杆菌	无	纤维素性脑膜炎，心包炎，腹膜炎，关节炎	细菌培养
慢性伪狂犬病	常无，可能有呕吐，流涎，便秘，流产	相对缺少肉眼变化，鼻黏膜充血，坏死性扁桃体炎，肝脏、脾脏有局灶性坏死	荧光抗体试验，病毒分离
猪丹毒	常无，可出现发热，跛行，皮肤病变	皮肤弥漫性血停滞	细菌培养
钩端螺旋体病	流产，发热，无乳，黄疸	肾脏有灰白色病灶	细菌培养

附录 J　猪皮肤疾病的鉴别诊断

疾病名称	发病年龄及临床症状	发病率及死亡率	原因及诊断方法
猪丹毒	各种年龄的猪，主要为架子猪，哺乳仔猪少见。红斑，隆起，长方形或菱形肿块，坏死，败血症。病变分布于背部、腹部或其他部位	发病率高，死亡率低	具有特征性病变，病原学检测可见猪丹毒杆菌，青霉素治疗效果明显

（续）

疾病名称	发病年龄及临床症状	发病率及死亡率	原因及诊断方法
猪痘	哺乳仔猪和断奶猪，成年猪发病较少。深红色的硬结节，凸出于皮肤表面，主要分布于腹下，略呈半球状，不久变成痘疹，逐渐形成脓疱，继而结痂痊愈	同群猪发病率可达100%，但死亡率不超过3%～5%	丘疹、脓疱，痘苗病毒或猪痘病毒。免疫学检测
渗出性皮炎	主要侵害哺乳仔猪和刚断奶仔猪，尤其是刚出生3～5天的仔猪。油性黏性滑液渗出，油脂皮，红斑，小猪病变分布广，大猪为局限性分布	发病率时高时低，死亡率低	葡萄球菌，皮肤创伤，其他因素。临床症状，病原学检测
坏死杆菌病	多见于架子猪和仔猪。皮肤溃疡，褐色硬痂，如盔甲样覆盖体表，痂下组织发生坏死，形成囊状坏死区，坏死组织腐烂，积有大量灰黄色或灰棕色恶臭液体，病变分布于颈、胸侧、背部、臀、尾、耳、四肢下部等处	发病率高，死亡率低	创伤，坏死杆菌，继发感染。病原学检测
日光性皮炎	各种年龄的猪。皮肤红斑，水肿，患处发热，疼痛，肌肉震颤，病变主要为背部和耳后	发病率高，死亡率低	由密闭舍转开放舍，日照防护不够，突然接受日光照射
脓疱性皮炎	哺乳仔猪。丘疹、水疱或脓疱，破溃后成脓痂，病变主要为耳、眼、背及大腿	发病率低，一般不死亡	金黄色葡萄球菌或乙型溶血性链球菌感染。病原学检测
溃疡性肉芽肿	各种年龄的猪，小猪多发。肉芽肿性病变，分布于有伤口的部位	发病率高，死亡率低	疏螺旋体和坏死杆菌。病原学检测

（续）

疾病名称	发病年龄及临床症状	发病率及死亡率	原因及诊断方法
水疱性疾病	各种年龄的猪。皮肤出现水疱，病变主要为蹄冠、鼻、舌	发病率可达 100%，死亡率低	病毒感染，口蹄疫病毒，水疱病病毒，水疱性疹，水疱性口炎
皮炎肾病综合征	主要危害生长猪和育肥猪。皮肤出现红斑，皮下水肿，病变分布于体表各部位	发病率一般低于 5%，死亡率可大于 50%	猪圆环病毒 2 型。免疫学检测
皮肤霉菌病	皮肤出现丘疹、水疱和皮屑，有毛区发生脱毛，毛囊炎或毛囊周围炎。有黏性分泌物或脱落的上皮细胞形成痂皮。病变主要在头部的眼眶、口角、颜面部、颈部、肩部，形成手掌大小癣斑	发病率低，一般不死亡	皮肤真菌。病原学检测可见到分支的菌丝体及各种孢子
疥癣	各种年龄的猪均可发生。患部皮肤上出现针头大小的结节，随后形成水疱或脓疮。丘斑、黑斑和红斑，过度角化，结成痂皮。病变于体表分布广	发病率高，死亡率低	猪疥螨感染和超敏反应，剧烈瘙痒，病原学检测可见到疥螨虫
玫瑰糠疹	2～12 周龄的白猪。皮疹呈玫瑰红色，微微高出皮肤，有的含在皮内，大小不一，小纽扣或钱币大小，呈椭圆形，上面覆盖着一层糠状的薄皮，病变主要为腹部和大腿	发病率低，一般不死亡	病因不明，可能因真菌、细菌、病毒感染或变态反应

（续）

疾病名称	发病年龄及临床症状	发病率及死亡率	原因及诊断方法
过度角化症	种猪。皮屑过多，褐色素沉着，主要分布于颈部、肩部、腹部	发病率时高时低，一般不死亡	代谢病，日粮中缺乏脂肪酸
角化不全	各种年龄的猪，架子猪多见。隆起红斑，薄痂，角化，主要分布于面部、颈部、四肢	发病率时高时低，一般不死亡	代谢病，锌缺乏，钙过量

附录 K 猪病快速诊断导引

临床主要症状	辅助症状和因素	提示疾病名称
乳猪腹泻	生后 1～3 天发病，排黄色或黄白色稀便，内含凝乳块，迅速死亡	仔猪黄痢，脂肪性腹泻
	生后 3～10 天发病，排灰白腥臭稀便，死亡率低	仔猪白痢，轮状病毒病
	生后 7 天内发病，1～3 天多发，排血样稀便，死亡率高	仔猪红痢（猪梭菌性肠炎），坏死性肠炎
	生后 7～21 天左右发病，排稀便，厌食，发病率高，死亡率低	仔猪球虫病
	上吐下泻，大小猪都发病，病程短，死亡率高	传染性胃肠炎，流行性腹泻，中毒病
	冬春发病，水样腹泻，快速脱水，乳猪多发	轮状病毒病，低血糖症

（续）

临床主要症状	辅助症状和因素	提示疾病名称
保育猪及肥猪腹泻	潮湿季节多发，高热 41℃左右，便秘或腹泻，耳朵腹部红斑	副伤寒，猪瘟
	2～3 月龄猪，排黏液性血便，持续时间长，迅速消瘦	猪痢疾（猪血痢），肠炎
	上吐下泻，大小猪都发病，病程短，中大猪死亡率低	传染性胃肠炎，猪流行性腹泻，马铃薯中毒
流产，产死胎、木乃伊胎，返情和屡配不孕	流产，产死胎、木乃伊胎及弱仔，母猪无明显临床症状	伪狂犬病
	有蚊、虫季多发，妊娠后期母猪突然流产，母猪无临床症状	猪流行性乙型脑炎
	初产母猪产死胎、畸形胎、木乃伊胎，母猪无临床症状	细小病毒病
	妊娠 4～12 周流产，公猪睾丸炎	布氏杆菌病，衣原体病
	潮湿季节多发，母猪流产，与母猪不同时发病的还有中大猪，皮肤及黏膜泛黄，血尿	钩端螺旋体病
	母猪发热，厌食，妊娠后期流产，产死胎、弱仔，断奶小猪咳喘，死亡率高	猪繁殖与呼吸综合征

（续）

临床主要症状	辅助症状和因素	提示疾病名称
皮肤斑疹，水疱及渗出物	5～6日龄乳猪发病，红斑水疱，结痂，脱皮	渗出性皮炎
	蹄部水疱，蹄冠状带分离，交替跛行，体温升高	口蹄疫，水疱性口炎，水疱性疹，猪水疱病
	炎热季节多发，猪皮肤发红，体温升高，神经症状	日射病或热射病
	见光后皮肤出现斑疹，发红疼痛，避光后减轻	饲料疹
	中大猪皮肤大片斑疹，发热，咳喘，整群发育差	皮炎肾病综合征
仔猪体温升高全身性疾病	体温升高，扎堆，眼屎黏稠，先腹泻后便秘，皮肤有红斑点	猪瘟，副伤寒
	高热，皮肤上有像烙铁烫过的打火印，凸出皮肤	猪丹毒
	体温升高，呈犬坐姿势张口呼吸，从口鼻流出带血泡沫	传染性胸膜肺炎
仔猪体温不高全身性疾病	8～13周龄仔猪普遍长势差，消瘦，腹泻，呼吸困难	猪圆环病毒病

（续）

临床主要症状	辅助症状和因素	提示疾病名称
仔猪体温不高全身性疾病	皮肤黏膜苍白，越来越瘦，被毛粗乱，全身衰竭	铁缺乏症
	病猪症状一致，神经异常，上吐下泻，呼吸困难	中毒
	消瘦，全身苍白，黏膜发黄，拉稀，长势差	寄生虫病
育成猪咳喘	病初体温升高，咳嗽，流鼻液，结膜发炎，皮肤红斑	猪肺疫
	长期咳嗽，气喘时轻时重，吃喝及体温正常，很少死亡	猪支原体肺炎
	全群同时迅速发病，体温升高，咳喘严重，眼鼻有大量分泌物	猪流行性感冒
	早晚、运动或遇冷空气时咳喘严重，鼻液黏稠，僵猪	猪肺线虫病
乳猪咳喘	咳喘，体温升高，呕吐，拉稀，神经症状	伪狂犬病
	咳喘，下颌肿包，体温升高，流泪，鼻吻干燥	链球菌病
	呼吸困难，高热，有出血点、出血斑，皮肤呈紫红色	传染性胸膜肺炎

附录

（续）

临床主要症状	辅助症状和因素	提示疾病名称
乳猪咳喘	呼吸困难，肌肉震颤，后肢麻痹，共济失调，打喷嚏，皮肤紫红	猪繁殖与呼吸综合征
	咳喘，高热，呼吸困难，拉稀或便秘，体表红斑，血便	弓形虫病
乳猪打喷嚏	病猪不安，摇头，拱地，摩擦鼻部，黑斑眼，呼吸困难	猪萎缩性鼻炎
	咳喘喷嚏，全群同时迅速发病，体温升高，眼鼻有大量分泌物	猪流行性感冒
	咳喘喷嚏，肌肉震颤，后肢麻痹，共济失调，皮肤紫红	猪繁殖与呼吸综合征
乳猪呕吐	呕吐，发热，拉稀，呼吸困难，神经症状	伪狂犬病
	呕吐，体温升高，眼屎黏稠，先腹泻后便秘，皮肤有红斑点	猪瘟
	上吐下泻，大小猪都发病，病程短，死亡率高	猪传染性胃肠炎，猪流行性腹泻
	呕吐腹泻，快速脱水，冬、春两季发病，乳猪多发	轮状病毒病
	呕吐，拒食，麻痹，震颤，兴奋状态下死亡，心肌变性	猪脑心肌炎

（续）

临床主要症状	辅助症状和因素	提示疾病名称
乳猪跛行	腿瘸，一肢或多肢关节周围肌肉肿大，站立困难	猪链球菌病
	站立，行走不稳，发育好的小猪多发，脸部水肿	猪水肿病
	蹄壳裂开，出血，腿瘸，脱毛，烂皮	生物素缺乏症
高热不退	2月龄以上猪持续发热，神经症状，震颤，仰头弓背，间歇发作	伪狂犬病
	高热不退，全身初发红后泛黄，背部毛根出血，高温高湿季节多发	猪附红细胞体病
	长时间在强烈阳光或高温环境下，全身发红，体温升高，兴奋，休克	日射病，热射病
	高热不退，肌肉震颤，剧烈呼吸，皮肤发紫，有应激史	猪应激综合征
	体温升高，剧烈咳喘，全群同时迅速发病，眼鼻有多量分泌物	猪流行性感冒
	高热不退，咳喘，拉稀或便秘，体表红斑，血便	弓形虫病